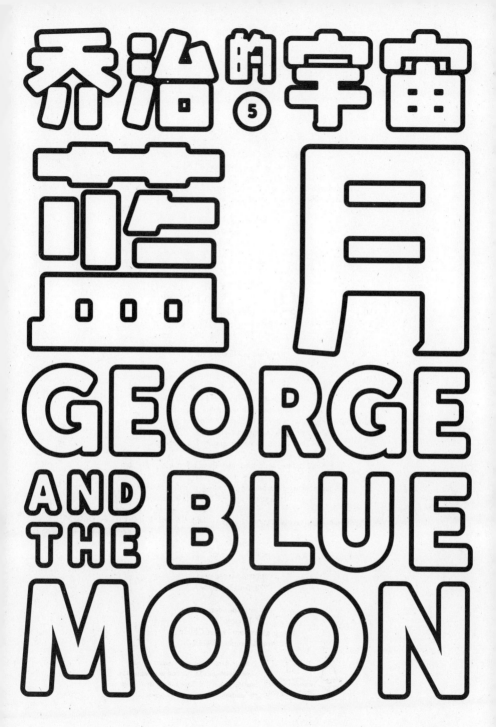

乔治的宇宙 5

蓝月

GEORGE AND THE BLUE MOON

LUCY & STEPHEN HAWKING [英]露西·霍金 [英]史蒂芬·霍金 著 [英]伽里·帕森斯 绘 杜欣欣 译

湖南科学技术出版社
长沙

DOUBLEDAY

UK | USA | Canada | Ireland | Australia
India | New Zealand | South Africa

Doubleday is part of the Penguin Random House group of companies
whose addresses can be found at global.penguinrandomhouse.com.

www.penguin.co.uk
www.puffin.co.uk
www.ladybird.co.uk

First published 2016

001

Text copyright © Lucy Hawking, 2016
Illustrations by Garry Parsons
Illustrations/Diagrams copyright © Random House Children's Publishers, 2016
Cover artwork, design and lettering © Blacksheep-uk
Cover space suits photography © Superstock

Set in Stempel Garamond 13.5pt / 17pt by <typesetter>
Printed in Great Britain by Clays Ltd, St Ives plc

A CIP catalogue record for this book is available from the British Library

HARDBACK:
978–0–857–53327–2

TRADE PAPERBACK:
978–0–857–53328–9

All correspondence to:
Doubleday
Penguin Random House Children's
80 Strand, London WC2R 0RL

MIX
Paper from
responsible sources
FSC
www.fsc.org   FSC® C018179

Penguin Random house is committed to a
sustainable future for our business, our readers
and our planet. This book is made from Forest
Stewardship Council® certified paper

LUCY &
STEPHEN HAWKING

Illustrated by Garry Parsons

DOUBLEDAY

译者序

《蓝月》这部书讲述了乔治和安妮意外地一同前往蓝月即木卫二探险，寻找地外生命的故事。

霍金父女的这套《乔治的宇宙》系列有别于其他无数科普书的特点在于：

1. 霍金作为当代最著名的科学家，他的科普著作和人类探索前沿同步。无论是在基本理论，还是在技术层面上，《蓝月》尤其突出地体现了近年太空科学的进展，以及量子论第二次革命的浪潮。

2. 这套书的论题是开放的，引导着读者面向有待创造的未知王国，而非以独断的不许变易的"已知真理"强加于人。对于科学人士，尤其年轻的一代，探索的精神当然比博学更珍贵。其实中国有识之士早已明白这些，如100多年前，严复就说过："中国夸多识，西人尊新知。"但因价值观的差异，可以预料甚至在可预见的将来，人们仍然摆脱不了这种惯性。

3. 在高尚的科学探索中，研究者社团的复杂关系，和一切人际甚至生物际以及机器人际关系，都存在着伦理道德问题。这是《乔治的宇宙》系列不可回避的一面。作者对善良和光明终将战胜邪恶和黑暗充满乐观精神。鉴于这个极不完美的世界现状，这种乐观精神弥足珍贵。

4. 超级电脑和机器人从早期的纯粹智商往兼及情商发展。它们和乔治、安妮的童言童语相互辉映。这些在实在虚拟之边界徘徊的精灵拥有除了世故外的许多人性弱点，它们使读者倍感亲切可信。

5.《蓝月》一书一如既往地邀请各个领域名家参与贡献，从航天技术，基础理论乃至形而上思索的广阔谱系。书中对于存在和实在的迷思的寻根究底予人以深刻的启发。这个系列彻底地摒弃了那些对当代科学无知却故作高深者的不知所云的晦涩呓语。

总之，这部书不仅能扩大读者的学术视野，更是祛除学术功利性与世俗性的解毒剂。如果读者能够理会到这些，哪怕其中之万一，那作者的心血也就没有白费了。

特别感谢杨杉女士在本书翻译过程中的慷慨帮助。

杜欣欣

2016 年岁末

For Rose
献给罗丝

目 录

001　第一章

018　第二章

034　第三章

045　第四章

054　第五章

071　第六章

080　第七章

085　第八章

098　第九章

099　第十章

113　第十一章

130　第十二章

147　第十三章

161　第十四章

175　第十五章

186　第十六章

194　第十七章

202　第十八章

215　第十九章

230　第二十章

240　第二十一章

249　第二十二章

最新科学理论！

阅读这个故事时你会碰到一些很棒的科学文章和信息。这些将会使你读到的主题充满活力。备受推崇的专家们写作了以下主题：

地球上的海洋　　　　　　　　　　　002
牛津大学地球科学系教授罗斯·M. 瑞克白

地球火山，我们的太阳系内外的火山　　030
牛津大学地球科学系教授泰麦森·A. 马瑟

为登上火星制作火箭　　　　　　　　086
阿廖申·托马斯

什么是化学元素，它们从何而来？　　093
化学研究者托比·布莱什博士

火星上的生命　　　　　　　　　　　118
火星宇航员凯里·格瑞第

在火星上做实验　　　　　　　　　　135
科研者凯蒂·金博士

何为现实？　　　　　　　　　　　　172
复杂系统理论家詹姆斯·B. 格莱特菲尔德博士

在医学上，假死状态是现实的吗？　　188
医学博士大卫·沃姆弗莱瑟

外太空有生命吗？ 209

剑桥大学教授史蒂芬·霍金

什么是量子传输？ 225

剑桥大学信息服务中心斯图尔特·兰金博士

概观效应 261

国际空间站宇航员理查德·盖瑞特·德·盖尤

特别向《乔治的宇宙》系列的编辑苏·库克和斯图尔特·兰金致谢

第一章

　　在柔和的蓝色海洋里，漂着粉红色流苏的珊瑚轻轻地挥手，数百万条潜泳的微小银鱼成群结对地游过。群鱼潜泳，犹如一体。它们突然若折刀般地杀到上面去，游在乔治的上方，游在绿松石般的水中，又突然掉头远去。一条巨大的鱼在乔治和波光粼粼的海面之间徘徊着。那条巨大的鱼慢慢游过他的视野，犹如一艘披挂庄严的战列舰。

　　珊瑚礁在大洋底部的沙地上漂荡着，那些小生物匆忙逃逸，疯狂地挥舞着爪子，仿佛在捕捉一切向它们游来的物体。在它们身边，沙虫蜿蜒蠕动，在松散的海底勾勒出弯弯曲曲的图案。

　　又一群鱼游了过去，离乔治的鼻子很近，几乎触手可及。这些鱼色泽亮丽，饰以红、蓝、黄、橙条纹，像一小队狂欢节游行的队伍。

地球上的海洋

　　地球——我们的蓝色星球——近四分之三被海洋覆盖，是我们太阳系中的特例。那么，为什么我们的星球上存在海洋呢？有趣的是，地球上的海洋来自外太空。地球形成时，高温使水过热而不能在地球上凝结。正如高山"雪线"之上的白色山顶，山高气温低，积雪不化。同样地，从早期灼热的太阳到雪线之间也存在着呈梯度变化的冷却现象。

　　只有在太阳系更遥远的地方才存在低到足以形成冰粒的温度，就在火星与木星之间某处的小行星带。因此，地球上的海洋不得不依赖"进口"；很多人认为这发生于富含水分的陨星雨或者来自小行星带的彗星对早期地球的轰炸。

　　自那时以来，这些外星的水分子一直未被创造也未被消灭！在后来的38亿年中（液态水的第一个证据来自当今格陵兰岛西南部的沉积物），我们的海洋被困在地球表面，它们在那里经历了两个循环。

　　起初，在热带温暖的阳光下，海洋蒸发喷薄成水汽和云（就像你看见一个沸腾的水壶或蒸汽机喷吐的那样）。云飞升冷却成雨，雨落大地，涓涓细流汇入溪涧、河流，最终重归大海。

　　接着，少量的水经过大洋地壳的深海海沟落入地球内部。这些水快速地通过火山或热泉重返地表。

　　因此，从你家中水龙头流出的水分子目睹了地球历史的每分每秒，从自体繁殖生物到多细胞生物的出现。很可能这些水分子在某个时刻到某只恐龙体内走了一圈。你用来沏茶的水可能曾被某只口渴的霸王龙咕噜咕噜地吞下去！

　　水的溶解力使它如此不凡，使海洋成为生命之源。在一杯水中放些盐，或者在你的茶中放糖，那些晶体会消失或溶解。这是因为水分子的轻微作用力或"极性"，将盐或糖的分子吸引入溶液。

　　用诸如二氧化碳反应产生的碳酸，令水略带酸性，那么它的可溶性则更

地球上的海洋

好。喝一小口碳酸水（那些气泡是二氧化碳），看看你能否尝到酸味；我的两个儿子喝的时候会皱鼻子。如今，从海洋飞升成云，滴落为雨，再汇入河流的循环中，大气层中的水在二氧化碳作用下呈酸性，其结果是这样的酸雨溶解大地上的元素（称为风化），并将那些元素带入河流，最终进入海洋。你见过红褐色的河流吗？那里充满从岩石中沥出的铁。

海洋积累了从大地溶解的所有元素（也有来自深海热泉中的物质，那些喷口喷出的壮观的黑烟）。但是只有水分子才会保持循环，回到云，再到雨，那些元素却不会。有些元素高度集中于大洋中，乃至变回矿物质或以沉积物形态脱离海洋，特别是石灰石（碳酸钙）和燧石（二氧化硅），这也就限制了它们在海洋中的浓度。

然而，钠或氯——盐的两种主要成分，不似大多数元素，它们只能在某种极为特殊情况下偶尔脱离。比如，大约 600 万年前，整个地中海干涸成一个水坑，留下巨大的盐矿床。因为钠和氯无法自然连续地"沉没"，海水永远是咸的。

正是由于大地被水侵蚀风化，生命才可能出现并留在地球上：它是地球上的恒温器。风化的速度取决于地球的温度。因此，如果由于某种原因，温度升高——例如，在地球的历史上，太阳能光度增加——或者，如果地球的大气层中的二氧化碳增加（比如使全球温化的温室效应），那么陆地上岩石溶解得就更快。这导致元素涌入海洋，这反过来又加快了沉积物的形成。使多余的二氧化碳被锁在石灰岩里，使地球回归之前的条件，避免过热。你认为风化作用能阻止地球完全结冰吗？

虽然风化维持的温度有利于生命的产生，但我们不知道，也许永远不会知道，生命是在地球的何处出现的。（现在，等你来挑战！）是不是有些"温暖的小池塘"，正如伟大的博物学家达尔文暗示的那样，或在海洋深处？无论它在哪里，我们确知生命的起源和进化依赖于水。元素被硬性地约束于地壳的岩石中，但海洋却像是所有岩石分子（有机分子）大量混合的鸡尾酒，它们能自

地球上的海洋

由地扩散和反应。这是生命起源的关键。

　　人们认为深海可能为生命的起源提供了第一个避风港，早期地球表面环境更为严酷。深海过滤了有害辐射，提供极端温度的缓冲，避免陨石轰击和强烈的火山喷发，保护了生命的发展。

　　生命起源我们现在还不确定，也许是 27 亿年前，科学家认为几乎可以肯定其后 20 亿年的生命史是从海洋中发展而来的。但不可避免的反馈刺激使生命日趋复杂。微生物的增加产生了更多的化学副产品（特别是大气中的氧），其中大部分最初是有毒的。因此，为了力求更好更多地控制内部的化学成分，简单的细胞变成条块状（这类细胞被称为真核生物），并最终分化。

　　多细胞出现与最壮观的生命发明——骨骼正相吻合。在大约 5.4 亿年前，"寒武纪大爆发"时期，岩石标本显示了生命从淡淡的含混印记到丰富而复杂的贝壳化石的变化，这无疑是复杂生物塑造出来的（达尔文甚至把这次爆炸误读为生命的起源）。

　　如前面解释的那样，集中在海洋里的地球矿物质对成就贝壳那样较坚硬的部分相对容易。正如有角恐龙需要生长出更为复杂的外部甲盔以对抗凶猛的暴龙，这些最初的"生物矿物"提供的硬甲防护有助于对付外部的打击和毒物，更重要的是对付那些捕食者。

　　骨骼和甲为动物踏上大地的第一步提供了刚性支持！

　　地球史上，风化恒温保持酸（二氧化碳）和碱（在海洋中溶解的离子）之间的平衡。你可将大陆看作海洋治疗消化不良的药品或"抗酸剂"。海洋一直是弱碱性的，只要它们存在，就非常有利于骨骼的生成。

　　但是我们以及生活在地球上的后代们将面对一个日益严重的问题。

地球上的海洋

　　人类的蓬勃发展，我们对化石燃料的渴求增加了二氧化碳的排放，因此海洋的酸度以前所未有的速度增加。100 万年左右，大陆板块加速溶解，导致海水开始中和大量的二氧化碳。但这种风化作用天生就慢，所以在此期间，海洋碱性变弱，饱和度降低，这个过程通常被称为海洋酸化。尽管没那么吸引眼球，但更准确的描述是"海洋弱碱性"！

　　易受影响的生物体，如珊瑚礁，将会越发难以生成骨架。除非生物能适应并且非常快地适应，否则这可能会影响整个海洋生态系统！

　　一些科学家认为，我们应该通过"地球工程"减少大气中的二氧化碳，干预全球变暖和酸化。其中可能包括控制土地风化，从而释放出更多的碱性物质融入大海。

　　难道我们真的应该拿地球做实验吗？

　　你认为呢？

罗斯

远处，乔治觉得自己看到了一只巨大脚蹼的海龟，它转过身来，它的眼睛年迈沧桑而黢黑，它正目不转睛地盯着他。令乔治惊讶的是，海龟开口了，它似乎在叫他！它似乎知道他的名字！

乔治，海龟说。乔治！奇怪的是，它似乎已经伸出一只手，摇晃着他的肩膀。

一只手？乌龟怎会有一只手？乔治正在他的诗意的水下生活中琢磨这件事……

"乔治！"他最好的朋友安妮正站在他面前，她手中拿着他刚刚还戴着的三维虚拟现实版的耳机。

乔治眨了眨眼，适应了一下狐桥夏日午后明亮的阳光，远离了澳大利亚海岸，珊瑚海深处朦胧的蓝黄色彩。他感觉完全迷失了方向，刚才他一直漂浮在大堡礁中。现在，他回到了花园尽头的树屋里，而不是在大洋底部。没有海龟对他说话，只是隔壁邻居，他最好的朋友安妮，当然，她似乎有很多可说的。

"我要收回我的 VR（虚拟现实）耳机！"她抱怨道，"我不应该把它给你！你把所有时间都花在水下了！我要你看看这个。"她挥舞着她的平板电脑，按下一个按钮，屏幕动了。乔治低头看着，但他的眼前看到的依然是鱼形的蓝云，因此他花了一点儿时间集中视力。相较于珊瑚礁的奇迹，眼前的东西显得很平淡。

"你让我从 VR 出来，就读这个表格！"他抗议道，"就像你填表

去拿交通卡。"

"才不是呢，你傻呀，"安妮固执地说，"你没好好看。"

乔治又看了一遍。"哦！"他说，这才意识到好像日出时站在一颗行星上，而天空中有两个太阳。

"看见了吗？"安妮说，"它说什么？""招聘宇航员！"他读着。"招聘宇航员！"他重复。"这太酷了！"他继续大声朗读，"您想离开地球，旅行到比任何人类走过的更远的地方吗？你能在这颗红色星球上开始地外居住吗？你能将人类分布到太空和殖民一个全新的星球来帮助拯救人类的未来吗？你有技能把我们带入载人太空旅行的新时代吗？"乔治很快地读着这些选项。"如果是的话，在这里申请……等一等，"他狐疑地说，"如果他们想招宇航员，你不觉得他们想要的是成年人吗？"

"不！"安妮得意地说，"这是初级宇航员！它是这么说的，十到十五岁之间。"

"有点不可思议，不是吗？"乔治问，"为什么要送一群孩子到火星上去？"

"切！"安妮说，"任何火星使命都要数年准备，等它升空的时候，我们就不再是孩子了。但他们必须现在就开始培训，让他们有充足的时间挑选最佳人选……你可以填写这些表格了？"她递给他平板电脑。

"这些？"乔治说。"一个你的，一个我的。"安妮说。

"为什么是我？"他开始问。

"不能修改输入的内容，"安妮说道，她现在倒是越来越有信心敢承认自己有阅读障碍了，"而且也没有自动更正，这表格是自动的，只要你键入。因此如果你填的话会好得多。"

"上火星，拼写真的很重要吗？"乔治质疑道，"你知道，去太空旅行，有远比那更为重要的东西。"

"不，那不会，"安妮坚定地说，"如果我把这个星球错误地称作'公羊'，我可能无法到达那里。"

"这表格相当长。"乔治边说边向下移动。

"当然了！"安妮嘲笑着，"你不会认为他们想送随便什么人上火星吧？"

"或者公羊，"乔治笑着补充道。"是的，公羊，人类的新家园！"

安妮喊着，"是的，快点填吧。第一个是什么？"

"嗯……用自己的话阐述为什么你会成为一个很棒的候选人参加 2025 年'火星使命'试验计划的初级航天员培训！"安妮喊道，"我智商非常高，能够很好地解决问题，我有很多太空旅行的经验——"

"我们可以把那个放进去吗？"乔治打断她。虽然他和安妮的确曾旅行太空，但应该没有人知道他们宇宙冒险的经历。"什么时候开始训练？"他问，"等等！这真的很快就开始了。我们怎么才能加入呢？他们该不是已选好了人吧？"

"嘿，放松些！这里说一些位置有空缺，"安妮说，"真不敢相信我们错过了第一波广告。这个是在学校假期开始时发出的。"

"只有几天时间！"乔治说。

就在此时，屏幕上"乒"的一声传来一个信息。

"别去读！"安妮叫起来。

乔治惊讶地抬头看了看，手指在平板电脑上停住了，他看到安妮的脸色变白。"得了吧，我不会看你的消息！"他说。

"好了，别去读，"安妮说，"就是别看，回到招聘宇航员去……"

但屏幕再次"乒"的一声。然后再次，再次，直到所有传入未读邮件表中，都是来自同一个号码。

"对。火星，"安妮明确地说，她把长刘海撩过眼睛，再次肯定不要去管那个消息，而它在几分钟内已经成堆儿了。"让我们离开这个星球。我不想与那些可怕的人待在这儿。"

"什么可怕的人？"乔治慢吞吞地说，"安妮，这是怎么回事？"

"没什么！"安妮说，"为什么总是怎么回事？没怎么回事。

我只是要永远离开地球，成为一个超级太空英雄，那样的话，我可以从上面看那些地球上的蠕虫白痴。"

乔治默默地随意地看到那些消息中的一个："你愚蠢邪恶，没有一个人喜欢你。"

"恶心！"他喊道，稍稍离开屏幕，"真讨厌！我打算回它……"

在安妮抢回平板电脑前，乔治敲出"你是谁？"

"你？不"，只几秒，那边又来了，"你知道，而且你害怕我们了，因为你软弱而且愚蠢，我们恨你。"

"你为什么不闭嘴，丑鬼？"乔治疯狂地打着字回答。

"丑，哈哈哈哈！如果是那样的话，那你就是地球上最丑陋的人。"回信来了。"住手！"安妮狂怒地说，"回信只能使情况变得更糟！"

"你有没有告诉爸妈？"乔治问。"我不要！"安妮喊道，"他们都会以为那是我的错！"

"他们为什么会这么想？"乔治问。那些消息似乎很烫手，他是如此地厌恶，他退缩着离开了屏幕。"我不明白这件事。"

"我也不明白，"安妮难过地说，"我还以为我和每个人都是朋友。"最初她似乎很难开口解释，但随后一串话冲口而出："那群女生突然开始议论我。只要我一走进房间，她们就开始窃窃私语，我问她们为什么，她们就当面嘲笑我，说没有议论我，我很聪明，知道她们是在谈论我。但只要我一走出房间，她们就不说了。"

"你告诉老师了吗？"

"她只说她会调查——如果我能找出领头的将有助于调查，我不能找到。但最好是我足够成熟不做反应，因为如果我忽视欺凌，

她们将停止。如果我不忽视，她们将继续欺凌，我想如果我在意她们，那就意味着是我的错。"

"你的想法是愚蠢的！"乔治说，"欺凌不会因忽视而停止！"

"然后我开始离开所有的一切，"安妮说，"其他人午餐时或放学后总会被邀请，但我是唯一不被邀请的人。如果我想坐在哪个人身旁听课，他们就会起身离开，其他人就会大笑。"

"为什么？"乔治大惑不解，"我不明白。"安妮是他所遇到的最酷的人，他无法想象别人有如此不同的看法。

"我也不知道。"安妮说。"这件事太古怪了！"乔治惊呼。

"而且，现在学校里流传很多我的故事。"安妮看起来悲痛欲绝。

"我听说有的女生说每个人都知道我实际上很笨，但我爸替我做所有的家庭作业，那就是我为什么总是班里的尖子生。"

"哦，那不是真的！"乔治说，"她们很可能只是嫉妒。你知道谁在发送这些邮件吗？"

"就是她们中的一个，"安妮说，"一定是。但我不知道是哪一个。"她伸出胳膊抱住膝盖，将头埋在里面，乔治只能看见那一头金发在肩膀上颤动。"我现在只剩下一两个朋友，甚至连她们都不敢太多和我在一起。"

"所以这就是为什么你最近什么事都不想做！"乔治意识到。每次他请安妮去滑板公园或者与他一起看电影，她就总要找个明显站不住脚的借口拒绝，"以防你碰上那些女生中的一个？"

"是啊。"安妮闷闷地说。

"这只会使情况更糟。"现在她听起来像是哭了。"我不想去任何地方或做任何事情，"她声音低下去，然后急切地补充道，"除了太空。我还是想进入太空。"

"好了，够了，"乔治激动地说，抓起笔记本电脑，"来吧。"

他迅速地走下梯子，他手臂下的电脑一直"乒乓"地收着消息，安妮以最快的速度跟着他，喊道："你要去哪里？"乔治穿过篱笆的洞，跳进隔壁安妮家的花园，跑到后门杂草丛生的路径上。"埃里克！"他叫喊。

安妮的父亲心思正在手机上。"是的，我知道，瑞卡，"他有点儿不耐烦地说着，"如果我不懂如何进行实验，那么我就不会是个科学家。我只是说我不认为你的建议能够产生出我们需要的结果。"

乔治和安妮听到了电话那头传来愤怒而高亢的声音。"如果你让我对你的太空任务计划只是做一些简单的修改……"他说，"瑞卡……？瑞卡？你还在听吗？"他放下电话。"你们能相信吗？"他说，他看到了安妮和乔治，"瑞卡好像把电话挂了。我们曾经处得那么好。我不明白为什么她的变化这么大。"

他摘下眼镜，开始用衬衫擦着，这样做只会使镜片更加模糊。"我真希望副头儿更喜欢我一点儿，"他抱怨着，"我的副手待我就像我是具有某种危险性的傻瓜，一切复杂得令人难以置信，更何况现在情况很尴尬。"他戴上眼镜，看着安妮和乔治，发现他们俩非常不高兴。"但你们不是为这个来这儿吧，怎么了？"

"埃里克！"乔治说，"安妮收到很多令人厌恶的消息！她不会告诉你的，因为她以为你会怪她。"乔治握住电脑，举过头顶，安妮站在乔治身旁，无法把它抢过来。"没事儿，爸爸，"她勇敢地说，"乔治把事情说得太大了。他们是开玩笑，就是愚蠢。很多真的是我的错。况且一切都在我的控制之下。"

"由我来判断，"埃里克说，"给我平板电脑。"他接过电脑，看着屏幕上的信息。他的脸色瞬间从满脸阳光的和蔼变为电闪雷鸣的阴霾。

"不要！"安妮感到羞愧，她哭着说，"你不要读。"她呜咽着瘫下去，埃里克读着她收件箱中的内容，眼睛难以置信地瞪大了。"这些可不是开玩笑，"他气愤地说，"这一点儿也不好笑。这肯定不是你的错。你有没有告诉你妈妈？"

安妮摇摇头，什么也没说。

"我们该怎么办？"乔治问。

埃里克说："我有一个主意，跟我来。"两个朋友跟着他走进他的书房里，Cosmos——世界上最伟大的超级计算机——正在办公桌上自己哼唱着。"醒醒，醒醒！"埃里克招呼着他的高科技帮手。"教授！"Cosmos 亲切地回答，他的屏幕上跃出了人工生命。

埃里克倚着桌子说："Cosmos，我的老伙计，科学社团最年轻的成员安妮·贝利斯在这里，她有点儿问题，需要你帮助。"

"那是我的荣幸。"Cosmos 满脸放光，这台超级计算机对埃里克的女儿情有独钟，"今天我能帮你什么？"

埃里克严肃地说："安妮接收到恶意的消息，就在这个平板电脑里，是通过互联网通信服务。"

"社团另一成员提到过这件事吗？"Cosmos 问。"谢谢，是的，乔治·格林比，也是社团成员，我们第二年轻的科学家。""在这种情况下，国际有关科学社团使用超级计算机的协议，第二部分，第三段，分条目 b，2015 年通过附加条款 K 的修订。"Cosmos 吭吭唧唧地说，"我找到……"他停了一下，他的电路"哧哧"地响着。

埃里克等待着，安妮和乔治也在等待着。从埃里克不断的抱怨中，他们知道自从超级计算机使用的新法规开始生效，他和 Cosmos——现在的工作受到比过去多得多的规则制约。之前，埃里克一直非常自由地，甚至想出各种新奇方法来使用 Cosmos。

"我觉得我可以代表你行动了！"Cosmos 高兴地说，"请把平板电脑接上，这样我可以下载信息。"

乔治跑上前，把平板电脑插入超级计算机。

安妮小声问爸爸："Cosmos 打算怎么办？"

"我不知道！"埃里克兴高采烈地说，"但我敢打赌，一定非常棒！"他草草补充道，"国际协定，为响应诽谤科学社团中科学家的言论，授权于——"

安妮说："是的，我们知道，第 Y 段，附加条款 X 和子条款 Z。""就是类似的某种东西，"埃里克同意道，"安妮，也许长大后你应当成为一名律师。"

安妮喊道："不，谢谢你，爸爸！我要成为一名科学家！我告诉过你了。""行，行，"埃里克说，摇了摇头，"只是说，也许未来做律师将有比科学家更多的就业机会……"

安妮坚定地说："噢，不，我敢打赌，奶奶和爷爷没对你说'小埃里克，你不要成为一个宇宙学家，因为那样的话，你永远找不到工作'……"

埃里克温和地说:"其实他们是这么说过,但我没在意。"

安妮坚定地说:"好了,现在你知道那是一种什么感觉了吧。"乔治很高兴看到她开朗多了。

"我不认为我曾经跟我父母用你对我说话的方式说话。"埃里克抱怨着。

"也许他们启发了你的尊重?"安妮天真地问。

埃里克嘲弄地看了她一眼,但乔治知道他并没有生安妮的气。他们就是那样,什么都争,但大多数都是以有趣和友好的方式。

站在 Cosmos 和安妮的平板电脑旁,乔治第一个从屏幕上看到 Cosmos 在传送信息,那些信息通过平板电脑发送到一直骚扰安妮的那个账号去。但不只是一封信,第一封之后,一个接着一个。

乔治好奇地问:"Cosmos,你在干什么?"

超级计算机愉快地回答:"我正在以 160 个字符块,传送艾萨克·牛顿的伟大著作《数学原理》的全文。一旦已发送,我将继续发查尔斯·达尔文的《物种起源》,再发爱因斯坦的文集。这大约需要 115 小时才能将所有文本发完。我认为你不会再次收到那个来信了,且不说我们提供了足够数量的有趣读物了。"

埃里克喊道:"天才!你已经调用了该协议的条款'应该进行教育,而非威胁'!"

Cosmos 说:"针对这封信,你要我显示那些邮件是从哪里发出的吗?"

安妮说:"是的!你知道是谁发的吗?哦,Cosmos,可爱的 Cosmos,我希望之前我就请你找出这些东西。"

Cosmos 没有回答,只是在屏幕上贴了一张地图,一个红色的大箭头指向了附近的一个地址。"你知道这个地方吗？"他问。

安妮的脸再次变得灰绿，像生病似的。"这是贝琳达的房子！我以为她是我的朋友，"她低声说，听起来心都碎了，"我想她不会与那些人在一起，她说她们真可怕，我应该早知道的。"

她的爸爸搂住她。"对不起，亲爱的，"他说，"我们以为我们了解的人，但是……"他的脸明亮起来，"Cosmos！您可否继续执行此操作，同时打开另一个入口？"

Cosmos 哼了一声。"当然，教授，"他说，"这个任务只使用了我满负荷能力的大约百分之 0.000000000001。"

埃里克说："好！根据有关科学家遭受困扰的协议中'娱乐和福利'部分，我有一个请求！"

他对乔治和安妮眨眨眼睛。为了让他们振作起来，他们知道他

像对真正的大人那样来对待他们，就像科学社团的正式成员一样，他们都爱假装自己是成年科学家，从事着非常重要的实验，有着可能改变世界未来的想法。安妮和乔治相互看看，不敢希望会如此。

"贝利斯博士，我假定……"乔治喃喃地说。

安妮礼貌地回答："格林比教授，很荣幸了解你的工作。"

埃里克坚定地说："把你的宇航服穿上。""Cosmos，打开太空入口门户。我会给你坐标。因为作为科学家社团的科学家们，我们将去实地考察。"

第二章

安妮喜出望外："实地考察！你好久没让我们像以前那样使用太空门了！"

Cosmos 在过道里生成的太空入口已对乔治和安妮关闭了一段时间。当安妮还是个小女孩时，她的父亲常带她去太空旅行，就像其他的爸爸带孩子去公园一样。但自从施行了使用超级计算机的新规后，埃里克坚定地认为 Cosmos 只能用于专业研究，而不能用作下雨天去太空探险的工具。

某天埃里克没完没了地抱怨，其中之一是管事的副头儿瑞卡·杜尔坚持对所有的一切制定特别的新规则，而以前都是顺其自然。安妮和乔治并未真正去听那些冗长枯燥又烦琐的废话，但他们肯定听到埃里克说这一切，就是为了告诉安妮和乔治不能再用 Cosmos 和它神奇的太空门进入太空旅行了。

然而现在，令他们喜出望外的是，好像埃里克自己也受够了各项规章制度，为了使安妮在经历了地球上那些糟糕的事情后能好过些，他会和他们去外太空。

但是 Cosmos 似乎不觉得这是个好主意。一台电脑，即使是一台超级计算机也切不可自高自大，但貌似现在 Cosmos 就是这样

的呢。

他说:"教授,对于是否应当服从您的请求我有些疑问。"

乔治的心沉了下去。就像他们在快进入太空时,Cosmos 拉了刹车!真是无法忍受!乔治几乎能尝到太空的味道,与安妮和埃里克一起探险的前景令他如此地兴奋。对跨过了 Cosmos 生成的宇宙大门,再次自由地漂浮在令人难以置信的行星景观之上,他已急不可待地要去体验了。而现在,这一切都幻化成泡影,他的肩膀垮了下来。

而埃里克正往身上套宇航服呢,只简单地问了一句:"为什么?"

"这不符合协议规定的标准。我找不到有关带人进入太空仅仅为了使人振作的条款。""不是'人',"安妮抗议道,"是我和乔治。"

"遗憾的是,"Cosmos 说,"那会使事情变得更糟。"

埃里克没说话,显然他正在想办法试图避开这个问题。安妮和乔治看着他,真希望他能找到一个真正聪明的解决方案,让他们获准进入太空,哪怕只是一两分钟也好。但是埃里克叹了口气,他的宇航服滑落下来,他们意识到好事不会发生了。他伤心地说:"Cosmos 是对的,我们都会有巨大麻烦,如果有人发现我用一台超级计算机带孩子去……"

安妮打断道："我们不是孩子，我们是科学社团的两名成员！多年前，你让我们成为科学社团成员，是为了我们能帮助你了解什么是孩子想了解的科学，使未来的世界变得更美好。"

"——进入太空，"埃里克把话接着说完。乔治渴望地问："会和谁有麻烦？我们不会和任何人有麻烦，对不对？我不明白怎么会发生麻烦。"但他的话听起来并不很有说服力。那些关于太空旅行的曲折记忆，那些他们与形形色色的人之间的麻烦，浮现在他的脑海。

埃里克皱起眉头："有些社团成员不会介意，"他说，"但是，如果瑞卡，"他几乎要说出全名，"发现了，她就会用单程票把我从 Kosmodrome 2 送进太空。"

Kosmodrome 2 是埃里克新的工作地点的名称。最近，他刚成为 Kosmodrome 2 的头儿。这是一家国际空间机构和涉及多家国有和私人公司的联合企业。他正试图整合机器人和载人太空旅行计划。

安妮和乔治曾纠缠着埃里克，要他带他们去他的"办公室"，但埃里克不无遗憾地拒绝了。他解释说，Kosmodrome 2 是一个封闭的设施，只在特殊情况下才接待来访者。尽管安妮和乔治想过很多特殊理由，但似乎都不够格。

"当我得到那份工作时，我是那么地高兴，"埃里克边说边把宇航服折叠得出乎意料的整齐，再放回柜子里，"那时我真的认为，为更进一步进入太空，我能帮助协调全球的力量。可是事实证明，我甚至无法应付那个本该协助我的人。"

安妮同情地看着她的父亲。"你被人欺负吗？"她问，"可以这

么说，"埃里克承认道，"我在工作中是被人欺负。要不是这一切是那么巧妙，那么秘密，我有时候都怀疑自己是不是疯了，是在臆想那些东西。不知何故，我工作上总是不顺，但我不明白为什么，这一切是瑞卡度假回来后才开始发生的，以前她很正常，友好、乐于助人、和蔼，但她度假回来就变了，真是非常非常奇怪。"

安妮严肃地问："他们背后说你什么了吗？"

"是的！"埃里克说，这好像启发了他，"是的！每当我经过走廊时，在 Kosmodrome 2 我们有很多走廊，人们似乎是在耳语，等我走过去，他们又开始了。"

"可怕，"安妮说，"他们也在编造你的事呢？"

埃里克急切地说："天啊，是的，他们彻底疯了！重要的国际嘉宾来访时，我为什么故意要引发太空电梯故障？我根本不会那样做！"

乔治震惊了。他没有听到任何有关太空电梯事故的事——他很肯定如果有那种事发生，他肯定记得，那不是一件会因匆忙而忘掉的事。事实上，他从未听说过任何有关太空电梯的事！他们错过了非常重要、非常刺激的事！

安妮同情地说："可怜的爸爸，我理解你的感受，来，抱一下！"

当安妮拥抱埃里克时，乔治站在旁边想着下一步该怎么办，在这片刻的沉默中，他有了新的想法。

他叫道："我知道了！我有一个计划！这就像我们之前做了一件事那样：Cosmos 打开太空门，但我们不走过去，而只是观看，那样的话，不是比在 YouTube[1] 上观看视频更令人兴奋？因为它是真实的，我们能这么做吗？我们不去旅行，Cosmos 能不能只给我们展示一下？"

埃里克眼睛一亮："啊哈！现在，这也许可以实现！"

安妮说："换句话，就是行了？"

埃里克问："Cosmos，我们不实际进入太空旅行，你能否在我们选择的地点展示太空旅行？"

Cosmos 查阅着操作规则，啧啧地自言自语道："我发现能行！"他喊着，显然不满之前阻拦了他的朋友们，"你们想看什么？"

安妮和乔治挤在一起。"你想看什么呢？"乔治急切地问安妮。

安妮承认："嗯，我真不想只是通过太空门户看，如果我们只站在宇宙入口走廊这一边。我没有那种把一切都抛诸脑后的感觉。"

"也许知道太空就在那里，因为你可以看到那是真的，在三维空间里，你会有种感受它、触摸它的感觉，那会使你感到快乐。"乔治抱着希望，试图说服她。

"也许吧。"安妮说，但她看上去还是有些怀疑。

乔治说："我想应该看看我们太阳系的某个地方，也许有一天我们能去那里访问，然后你想象通过空间走廊，踏出房门，降到另一

1　YouTube 是世界上最大的视频网站，早期公司位于加利福尼亚州的圣布鲁诺。

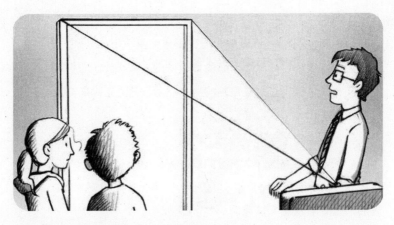

个星球的表面，那有点儿像真正到了那里。"

"哦，是的，"安妮说，脸色明亮了些，"这真是个很酷的想法。"

乔治建议道："木星的某颗卫星，怎么样？它们超级冰冷怪异！谁知道我们可能会看到什么。"

安妮果断地说："这是一个计划，我知道！我知道了！"她又蹦又跳，突然尖叫起来。"当我们得到那个虚拟海洋时，我对海洋生物做了一些研究，我发现，欧罗巴（木卫二）的冰层下可能有外星生命在游泳！让我们自己去看看吧。"

乔治说："哦，是的，那会很棒吧。"他回想起戴着虚拟耳机和看到的大堡礁附近的海底世界。难道太空看起来也会像那样吗？

安妮说："好极了！海豚在太空中！我们可以吗？爸爸，可以吗？"

埃里克高兴地说："嗯，这比去一趟水族馆还便宜。先提个醒儿，别指望看到真正的海豚。你知道的，我们真不知道在太空中是否有任何类似海豚或小须鲸的生物存在。"

安妮说："那么，就让我们看看吧。"

Cosmos 说："允许通过，正在安全检查……"

自从上次一名为玉衡天璇的坏家伙侵入 Cosmos，并把他们的好朋友超级计算机变为最危险的敌人之后，埃里克就在 Cosmos 开启太空门前增添了这道新程序。

Cosmos 唱了出来："安全检查完成！准备入口门户。"

现在电脑中射出一束熟悉的双光束开始在空中划出一道门的形状。"Cosmos，"埃里克说，"鉴于我们将会非常接近木星，请确保添加一道辐射屏蔽保护我们。"

Cosmos 回答："当然。"它已经进入操作模式，在此期间，它更倾向于更加自动化而非人性化。

乔治瞟了一眼安妮的平板电脑，注意到由一些最伟大的科学书籍文本组成的信息模块还在无情地倾泻到屏幕上。他用手指做了一

个倒置的符号说："你的那个'朋友'想必要疯掉了。"

安妮生气地说："希望如此！就在前一天，她还告诉我她如何如何，是我最好的朋友。而且还说她没有参加学校发生的那些刻薄事儿。但后来事实证明，她比所有其他人都糟糕！我敢打赌，是她持续发送这些消息欺凌我。但她不敢承认，那样的话，她就没法成为我的朋友了，所以她就对我装……"

"你看，"乔治说着，指点着。他脖子上的汗毛都竖了起来。"Cosmos 在开放门户了！"

现在 Cosmos 用光束画出的门形状已变成了固体，它非常缓慢地摆动着，打开了。当那扇门完全打开时，他们三个——包括埃里克——张开嘴看着，在门之后，木星的卫星之一坑坑洼洼的破裂的冰表面展现出来。那是从未让人失望的一个景象。

当她通过门户的门口凝视着那边粗糙、冰冷的风景时，安妮屏息着问道："哇！我们可以在欧罗巴（木卫二）上溜冰吗？"景色一直延伸到天边，和平而宁静——那正是无人居住的冰封天体环绕着它的行星木星在轨道上运行。从木卫二上，两个朋友和埃里克可以看到壮观的气体行星像一个巨大的条纹球似的挂在天空。木卫二上光线暗淡，这颗卫星与太阳之间的距离比日地距离远得多，但他们仍然可以看到陌生的冰脊和波浪形状的冰。空气中夹杂着柔和的"噗噗"声，仿佛这颗卫星正在轻微呼气，液体瓦斯从坚硬表面向上爆裂而出，进入稀薄的大气中。太空黑色背景下，每一个方向都撒满了数十亿个小星星，呈花边图案的瓦斯喷泉凝结，又以温柔的片状回落至表面。

安妮高兴地说："哦，就像我们在土卫二上看到的那样！"她父亲不解地看着她，但她仍自顾自地继续着。

乔治开始很大声地咳嗽，试图掩盖她正在说的话，他知道此时不能让她父亲知道了他们最近的那次未经授权的太空旅行，比如那次特地前往土卫二——土星的卫星之一。

但安妮只是拍拍他的背，没在意他使劲咳嗽示意，继续说着："只是这次，我们安全在家，没有站在一座即将在我们身下爆发的火山上。"等她意识到自己说错话时已经晚了，她陷入了沉默。

乔治停止了咳嗽，黑着脸瞪了她一眼。他无法相信她这么愚蠢！安妮对他再次耸了耸肩。

"你什么时候去的土卫二？"她的父亲追问道，"在超级计算机日志上，有些不明的空间旅行，原来一直是你们……"

"我们是在脑子里去了土卫二。"安妮撒谎道，她的手指在身后交叉着，希望能幸运地不被父亲发现。事实上，在某次收集生命构件的秘密太空旅行中，她和乔治访问了那颗台球般的古怪的卫星。

那次拜访不愉快且危险，特别是一个冰火山几乎在他们脚下的一条断层线爆炸的时候，他们拼命地逃离。

"你知道，爸爸，"安妮继续说，"你总是说，'我的整个宇宙旅行都在脑子里！'好了，我们一直也是那么做的。它真是太棒了。你一直是正确的。"

她的父亲看了她一眼，脸

欧罗巴（木卫二）

　　难道木卫二，木星的"蓝色"月亮真有生命吗？目前我们还不知道！感谢 1989 年发射伽利略号木星探测器，它发回大量有关木星的第四大卫星的新信息，我们认为厚厚的冰壳下有地下海洋，其中可能包含了某种形式的生命。但如果我们可以降落在欧罗巴（木卫二）上，并通过几千米厚的冰毯向下钻取，我们是否真的会发现海豚在游泳？那只是猜测！更为可能的是发现的任何生命更像微生物，实际上，发现任何生命都同样地令科学家振奋。

　　但是，在未来 10 年内，我们可能会得到一些更清晰的答案！ 2022 年将实施一个命名为"果汁"（木星冰月探测器的缩写）的新航天计划，到这颗神秘的卫星上一探究竟。"果汁"是由欧洲航天局设计的一艘机器人飞船。它需要大约 8 年的时间，至 2030 年才能到达木星。它将花 3 年左右的时间探测这个巨型的气体行星，还有它最大的三颗卫星：木卫四、木卫三和欧罗巴（木卫二）。希望"果汁"和同时进行的 NASA[1] 的另一个太空计划欧洲帆船，会告诉我们很多很多有关欧罗巴（木卫二）的信息。

　　什么是我们现在已知的？

　　好吧，我们知道：

　　欧罗巴（木卫二）是木星轨道上的一颗冰冷的卫星，木星是我们太阳系中最大的行星。

　　木星共拥有 67 颗卫星，但最大的 4 个——包括欧罗巴（木卫二）——被称为伽利略卫星，因为它们是 1610 年由天文学家伽利略发现的。当伽利略发现这些卫星围绕木星公转时，他意识到太阳系中并非如以前认为的那样，一切都围绕着地球！这个发现彻底改变了我们在太阳系中的位置和对宇宙本身的看法。

　　欧罗巴（木卫二）只比我们的月球稍小，但有一个更光滑得多的表面。事实上太阳系的任何物

1　美国国家航空航天局（National Aeronautics and Space Administration，简称 NASA），又称美国宇航局、美国太空总署，是美国联邦政府的一个行政性科研机构，负责制订、实施美国的太空计划，并开展航空科学暨太空科学的研究。

欧罗巴（木卫二）

体中，欧罗巴（木卫二）上的起伏突出可能是最少的，因为它似乎没有高山或陨石坑！

它有一个冰壳的表面。科学家们认为冰壳之下可能有一片 62 英里（100 千米）深的海洋。与此相比，地球上最深的海洋——位于太平洋的马里亚纳海沟只是 6.8 英里（10.9 千米）深！

它的地壳有清晰的深色条纹，那可能是在欧罗巴（木卫二）生命的早期，暖冰爆发形成的凸脊。

上写满了不相信。乔治通过门道紧盯着欧罗巴。他知道，如果他看向埃里克便会露出内疚的神情，泄露秘密。于是他的目光便落在卫星表面，希望看到一些可以请教埃里克的东西，以便渡过这个难关。正当他试图想出一个有关引力的聪明问题，或者有关欧罗巴（木卫二）轨道的，或外星生命的可能性等问题时，他看到了什么东西。

他指点着："那是什么！"

"什么，什么？"埃里克说，从门道窥视，"你看到了什么！"

"在那边，"乔治说，"有一个冰洞！"

安妮说："我估计有很多冰洞，"她对乔治突然如此激动大声说话感到困惑，"那就是间歇泉从冰层下的海洋中溢出来的。"

"不是那样的！"他说。

安妮顺着他手指的方向望去，明白了他说的意思。"天呀！"她几乎说不出话了。乔治确实在皱巴巴的、绿白色的冰上发现了一个洞，但它不是随便的什么洞。那是一个完美的圆形，好像有人用饼干刀，切出厚厚的一圈冰。"它可能是自然产生的吗？"她问她的父亲。

埃里克正在有点恐惧地看着乔治的发现。"不，"他摇摇头说，"我不相信它是自然形成的。这不是冲击造成的，看起来像是机械完成的。"

"机械？"安妮说，"好像是机器人做的？"

地球火山，我们的太阳系内外的火山

　　想象一下，造访一个正在爆发的火山会怎么样？也许你有过此类经历，当火山气体挣脱时发出的"嗡嗡"声，熔岩从地球内强行流出时的微小震动，火红的爆炸和震动传过你的身体和耳朵，酸雾刺痛你的眼睛和鼻孔，甚至你的皮肤和汗液都开始弥漫着硫黄的味道（和臭鸡蛋味儿差不多）。前方，炽热的岩石喷到空中，它们冷却后变成黑色直落地面。另一些岩石加入熔岩，逶迤流动，叮当作响，冒着烟流下山坡。这正是我 2006 年造访西西里岛的埃特纳火山时所见之景。那其实是一次较小规模的火山喷发（否则靠得那么近是不可能安全回来的！），但即使对一个火山科学家而言（惯称是火山学家），那也是相当惊险刺激的。

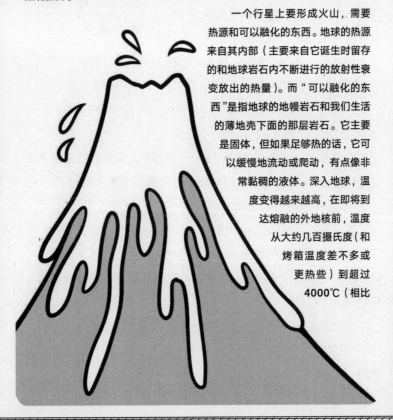

　　一个行星上要形成火山，需要热源和可以融化的东西。地球的热源来自其内部（主要来自它诞生时留存的和地球岩石内不断进行的放射性衰变放出的热量）。而"可以融化的东西"是指地球的地幔岩石和我们生活的薄地壳下面的那层岩石。它主要是固体，但如果足够热的话，它可以缓慢地流动或爬动，有点像非常黏稠的液体。深入地球，温度变得越来越高，在即将到达熔融的外地核前，温度从大约几百摄氏度（和烤箱温度差不多或更热些）到超过 4000℃（相比

地球火山，我们的太阳系内外的火山

之下，太阳表面大约是 5500℃）。随着深入地球，压力也随之加大，犹如你潜水至游泳池底部的压力增加。

因此地幔已经非常热，但它是坚实的。有迹象表明大自然有两种方法使它熔化。某些地方，如冰岛，地壳构造板块彼此分开；或者在夏威夷下面，像熔岩灯一样的深热地幔缓慢地向上流动，地幔的压力减小了，这使得地幔的熔点下降。你可能看到过高山上气压降低，水壶中的水沸点也降低。在其他地方，如日本和印度尼西亚，有些东西被添加到地幔中使岩石熔化，就像我们冬天道路和人行道撒盐融冰一样。这类现象发生在"俯冲带"，在那里两个板块推挤在一起。其中的一块沉至另一块之下，并进入地幔，将水和其他物质释放到上面的地幔岩石中。

当地幔熔化时，它产生的液体被称为岩浆。岩浆比周围的岩石密度小，因此它开始向上朝地球的表面移动。这个移动过程是相对较快的，特别是在地球的地壳很薄的海洋之下。或者，它也可以经过更长的时间，特别是在地壳较厚的地方，比如大陆。这一过程越长，岩浆就必须花越久时间冷却并变得越来越黏。

但是什么使岩浆从地下爆炸，而不仅仅是像果酱那样渗出甜甜圈？岩浆里有溶解蒸汽和二氧化碳等气体。当压力下降，岩浆上升时，气体不能维持溶解状态，它们就形成气泡。当岩浆进一步上升，那气泡就变得越来越大。直至到达表面，而且有时会发生爆炸。当你快速地打开一瓶可乐，尤其是如果有人以足够善意先摇动了瓶子，同样的事情也会发生！黏性的岩浆比潜伏了很多气泡要好些。这就是为什么有些火山爆发时比另一些更具有爆炸力的原因之一。

这就是我们如何解释地球上大多数的火山活动。但地球不是太阳系中唯一有火山的地方。在一个晴朗的夜晚，只要看看满月。你可以看到大块暗斑凝固的熔岩床（每一个暗斑被称为海洋，那是出自拉丁语"海"字，因为早期的天文学家以为它们真的是海）。

火星上有巨大的火山，包括奥林匹斯山，它是已知的最大的火山（高20多千米，约美国亚利桑那州的大小）。无论是我们的月球还是火星都比地球小，它们都冷却得更快，因此它们的火山已经死了。金星的大小与地球类似，金星特快探测计划得到的令人兴奋的新证据显示，那上面可能有活性熔岩流动。

太阳系中的更远处，在围绕巨型气态行星公转的卫星上，我们看到更奇特

地球火山，我们的太阳系内外的火山

的火山活动形式。已证实木星有 60 多个卫星，它们中的一些有火山活动。木星最里面的大型卫星——木卫一（又称埃欧）是已知太阳系中火山最活跃的天体。由于它围绕公转的巨大行星的牵引而产生的巨大潮汐力，木卫一的内部被拉伸挤压，木卫一的温度会升高。木卫一的火山非常壮观，将气体和尘埃喷出数百千米呈羽状进入太空。欧罗巴（木卫二），木星的卫星，非常有趣，其表面终年冰雪覆盖，非常年轻，具有极少的陨石坑。这表明冰火山的活动不断地覆盖表面上的岩浆汪洋。

2005 年，卡西尼号太空探测器发现并拍摄到土星的卫星之一，土卫二将水蒸气和冰喷到太空。甚至在距离太阳更远的地方，旅行者 2 号太空探测器看到了暗色羽状气体从海王星的卫星——海卫一上高高升起，也许那是氮冰受遥远的太阳热量所驱动而上升。

最近发现的太阳系外岩石行星意味着新型火山活动也可能存在于宇宙中，有待我们和未来的科学家——也许就是你——去发现。这些行星到达地球的光中含有其大气成分的蛛丝马迹。由于火山爆发释放出独特的气体，火山活动可能是我们第一个确认的太阳系外的地质活动。

我经常对地球上还有多少火山问题有待解决而惊奇不已。简直无法想象整个宇宙中还有多少未知的火山活动！

泰麦森

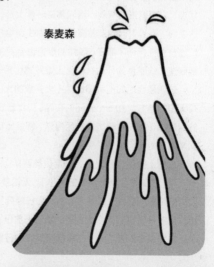

"但是，在欧罗巴（木卫二）上并没有探测任务啊，"乔治说——现在他已经对太阳系很了解了，"我们从未派出机器人探测欧罗巴（木卫二）——只有过一个空间探测器飞过？怎么可能有一台机器在那里钻了孔？"

埃里克说："Cosmos，给我现在看到的欧罗巴（木卫二）区域的坐标。"Cosmos 乖乖地在屏幕上闪现了一串数字，埃里克快速地阅读着。"是的，是的，是的。"他喃喃自语。他又回头去看那个冰洞，完全被搞晕了。

"这是什么，爸爸？"安妮问。

"坐标是正确的，它们正在那个位置，但这不应该发生了很多年了吧？"安妮和乔治听不明白埃里克话里的意思。

"不应该发生什么？"乔治问。

"阿尔忒弥斯，"埃里克回答，"这个位置是为阿尔忒弥斯航天计划的……但阿尔忒弥斯还未开始。我不懂。这是根本不可能的。"

"什么是阿尔忒弥斯？"安妮问。

但是，埃里克已经忙于在 Cosmos 的键盘上敲指令关闭太空入口门户。"我得走了。"他心烦意乱地说，他人已经朝门的方向走到半路了。

"哪儿？"安妮在他身后喊道，"你要去哪里？"但来不及了，她的父亲已经消失了。

第三章

"什么是阿尔忒弥斯?"前门砰地关上,乔治还跟在埃里克身后重复着问话。听到他的脚步声逐渐消失,又有声音响起——固定电话的铃声,安妮的妈妈拿起听筒。

"嗯,"安妮说,"我想我知道谁是阿尔忒弥斯,让我们问问Cosmos,确定一下吧。"

"阿尔忒弥斯,希腊狩猎女神……"超级计算机提供帮助,"此外,也是一部通俗科幻小说中探险队的名字,书中讲述了前往欧罗巴(木卫二),探测冰壳下气泡中是否存在着生命的旅行故事。"

"好了,那里有生命吗?"乔治急切地问。他在培训服中兴奋地扭动着脚趾。

"从理论上说有。"Cosmos 回答。

乔治哼哼着。科学中所有最扣人心弦的东西,比如虫洞或时间旅行,似乎都"理论上"存在。但是当你说"那么,它们可能实际发生吗?"科学家们通常会说不会。

"而实际上呢?"安妮固执地问,"说真的,真有可能有什么在欧罗巴(木卫二)上的大洋中游弋,如果海洋和冰层之间存在气泡,那么生命也可能就在那间隙中存在了。"

"什么样的东西？"乔治说。

"你知道，一种生命形式起源之初可能是在地球的海洋中游弋，"安妮显得很博学地说，"就像上学期，我做的建立生命模块的项目，会不断演变。是不是啊，Cosmos？"

"对的，"Cosmos 说，"在这本书里，阿尔忒弥斯太空项目是设计将人的生命送入太空，同时探索太阳系中存在的生命。"

"所以，人类会去欧罗巴（木卫二），看看是否已有生命存在，然后在它们的自然环境中研究那些生命？"安妮说。

"但人类无法在欧罗巴（木卫二）上生存！"乔治说，"那太蠢了！我们刚才看到的！那里全是冰，什么都没有！"

"也许人类并不想永远待在那里，"安妮若有所思地说，"他们大概只是想去待一段时间，去看看冰下是否有水下生命的存在。"

"在那个故事里，他们把外星人带回来了吗？"乔治问。

"我不知道，"安妮说，"但我期望他们会愿意这么做，难道不是吗？那样，地球人就可以查验它们，了解更多关于生命起源的奥秘？"

"那不会很危险吗？"乔治怀疑地说。

Cosmos 说："就外星人而言，当然有危险。但我们可能学到一些不可思议的东西。它或许能解开生命的奥秘。"

"哇！……如果它不再只是科幻了呢？"乔治问，"如果阿尔忒弥斯真的发生了呢？"

安妮说："爸爸会知道的，对吧？那是他的工作，负责太空任务的运行。那么，那个被称作'阿尔忒弥斯'的，不管它是什么，是去欧罗巴（木卫二）上的太空任务，他怎么会不知道？"

安妮的妈妈出现在门口，手里拿着听筒。"这是你朋友贝琳达的妈妈，"她说，"她想知道为什么她女儿不停地收到你发来的信息。"

　　乔治和安妮意味深长地交换了眼色。安妮摆出一副"唉～"的脸，但却流露出某种喜悦的神情，所以乔治知道她不再不高兴了。

　　"苏珊，"乔治决定为他的朋友说话，"安妮一直受到贝琳达的网络欺凌，她确实向安妮发送了很多卑鄙的信息！"

　　"我们可以给你看那些信息。"安妮尖着嗓子喊。"你最好这么做！"她母亲说。

　　"所以埃里克，"乔治继续说着，"必须让 Cosmos 阻止她。"苏珊的眉毛扬到了发际线。"阻止她！怎么阻止？"她说着，用手捂住听筒，这样贝琳达的母亲就听不到了。

　　"Cosmos 正在传给她艾萨克·牛顿的著作文本。"安妮解释着，现在她的眼睛闪闪发光。

　　安妮的母亲笑了。"Cosmos，"她直呼超级计算机，"我从来没有想过我会这么说，但你的确做得很好！"

　　苏珊和 Cosmos 一直是老敌人，他们既不相互信任，也未曾希望以这种方式相处。Cosmos 生活在恐惧中，它担心苏珊会在一个重要的操作过程中拔掉它的插座，因为她曾那样要挟过很多次，或者把它送到电脑垃圾堆去。苏珊不喜欢在自己的家中由计算机来扮演核心角色，对于屋檐下有这样

一个强大的技术物体，她感到担心。

"谢谢你，贝利斯太太，"Cosmos 礼貌地说，"我很高兴为您服务。"

安妮的妈妈走了，但他俩还能听到她对着电话那头干净利落地说道："我劝你还是先看看贝琳达已发送给我女儿的信息。你看过之后，贝琳达要诚心道歉，并保证不再对我女儿或其他人那样做，我们才会让计算机停止发送信息！"

网络欺凌

互联网是供我们使用的了不起的工具。我们可以查找信息、联络友人、分享照片、购物或玩游戏。

但互联网也有黑暗的一面。网络生活中有害及可怕的一面被称为网络欺凌。这种欺凌，不过是在网上或通过手机进行的。

它非常普遍，据英国慈善机构英国欺凌（www.bullying.co.uk）的报告，大多数年轻人在某种程度上受害。世界各地凡是年轻人使用互联网的地方都有类似的慈善机构。

那些遭到网络欺凌的孩子们通过即时通信服务中收到令人讨厌的信息，在社交网站上发现有关他们的可怕的、虚假的评论，甚至可以找到专门针对他们的可恶的网站。不幸的是，恶霸热爱互联网，因为那可以帮助他们使尽可能多的人看到恶性信息和虚假消息。

"英国欺凌"称，通常那些恶霸可能曾经是受害人最好的朋友，因此他们知道很多关于受害人的信息。

但一些网民还发现，在互联网上交到的"新朋友"并非像他们在网上看起来的那样。他们甚至可能不是孩子，而是成年人，他们装作孩子来引诱你。随之就可能威胁你或向你要大量的个人照片或视频。有时，如果你不照他们要求的去做，那些"新朋友"会说他们将联系你的父母，说你的坏话。这就是所谓的"疏导"；这意味着使用互联网试图说服你做不适当的事或不适当的暴露。

如果您认为或您认识的人是网络欺凌的受害者，非常重要的一点是将此事尽快告诉你信任的成年人。不管网络欺凌如何暗示，都千万不要认为那是你的错。

网络欺凌

以下是使用互联网时，帮助你保护自己免遭欺凌的一些要点：

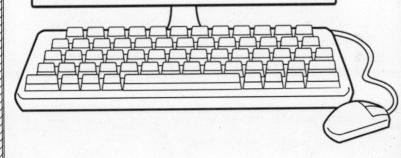

- 不要与任何互联网用户分享自己感到尴尬的照片，尤其不能与那些你并不知道他们真正是谁的用户。
- 不要在网上说那些你当面不会说的话。
- 请记住：法律强有力地规范互联网上的行为，警方可追踪邮件和公告，甚至是匿名的信息。
- 不要回复虚假信息或讨厌的帖子——这就是所谓的"拱火"，恶霸喜欢这么做。
- 保留证据——对于网络欺凌有强力的法律可依，警方可能要查看帖子或消息。

他们听到从电话的另一端传来狂怒的"吱吱"声。

"是的，好了，谢谢你，"苏珊回答说，"请让你的女儿用笔墨写下来，用书信的方式送给安妮，因为我不希望你的女儿和我的女儿再有任何电子联络，我将会让计算机停止向你的女儿传送信息。但是如果再有此类事件，无论是对安妮或学校里的其他人，请你明白，我们将会就此采取进一步的措施。"

苏珊挂断了电话。她从门口伸出头来，向两个朋友竖起了大拇指。"Cosmos，你现在可以停下来了，再次感谢你。"她说，然后就离开了，又接着练习小提琴去了。

Cosmos 取消了操作，外传信息停止了。

"哇，真酷！"乔治说。

安妮叹了口气："是啊，你是对的，告诉妈妈和爸爸，我想过……但我不能。我只是觉得真的很丢人，我应该能够自己处理学校所有的事，现在我们已经初二了。我不想让我的父母到学校去，对此大做文章，我以为那样会使得一切变得更糟。不过，告诉了他们后，我大大地松了口气。毕竟这样更好。"

乔治说："是的，如果你不告诉任何人，它仍然会发生。"

"是的，谢谢你。"安妮说。

"我手中拥有世界上图书馆的全部内容，"Cosmos 补充道，"所以，如果你需要我重新开始，只给我命令就行。"

"希望不会，"安妮说"我认为人机组合现在已经解决了这个问题。至于其他刻薄的女孩，我将很久都不去上学，到那时，我将是一名宇航员，接受训练到火星去。所以随她们胡闹去！"

"YOLO！"再次听到安妮活泼的话语，乔治很高兴，"这是否

意味着我们可以参加阿尔忒弥斯了？"

"耶！"安妮说，"Cosmos，你能为我们展示欧罗巴（木卫二）的屏幕截图吗？我们想再看看那个冰中的圆圈。"

"当然。"Cosmos 说。图像很快地闪现到它的屏幕，但非常快速地解体成绿色和黑色像素框。"重新加载……"但同样的事情又发生，"这些数据已被损坏，"它说，"我不能够访问这个影像。"

"哦！"安妮说，"你能再次打开入口门户，向我们展示欧罗巴（木卫二），就像你过去做过的那样吗？""不能，"Cosmos 说，"我不能接受科学社团的初级成员打开门户的命令。"

"哦，懒鬼，"安妮生气地说，"你的意思是我们必须等爸爸回来，让他告诉你？"

"当然。""他能通过电话吗？"安妮问，"如果我给他打电话，他可以在免提上告诉你？"

"理论上……"Cosmos 说，"除往返欧洲的所有数据流都被封锁了。即使有正确的授权，我也不能再访问有关那个卫星的任何信息。"

"你还能看到太阳系的其他行星和卫星吗？"乔治问。

Cosmos 说："查验水星！查验金星！火星，小行星带，木星本身，土星，冷冻气体行星，矮行星，奥尔特星云——所有的都在而且正确，太阳系全部到位，除了那颗卫星，它似乎已擅离职守。"

"欧罗巴（木卫二）……失踪了？"安妮不相信地说。

Cosmos 说："目前看起来是这样。欧罗巴（木卫二）不再在那儿了！"

乔治说："但这是不可能的，一个月亮大小的欧罗巴（木卫二）不能就这么消失了！"

Cosmos 回答说："不能，这是不可能。但它就是消失了。"

安妮说："太空中可怜的海豚！你认为欧罗巴（木卫二）是被外星人俘虏了吗？为什么外星人要这么做？"

乔治说："对，我猜和我们想去那里出于同样的原因。他们因此能更多地了解生命是如何开始的。也许他们要创造自己的新的生命形态？"

安妮说："一只弗兰肯海豚？这挺可怕的。"

乔治说："那比一只弗兰肯鲨鱼好得多，那会是超级可怕。"

"唔！"安妮说。

"也许那就是一个渔洞，就像因纽特人凿出的冰洞，"乔治若有所思地说，"也许阿尔忒弥斯就像是一艘渔船，但它不是去大西洋，而是去欧罗巴（木卫二）上的海。"

安妮突然拿出她的手机，在通讯录界面按下"爸爸"。那边立刻

就拿起了电话。"安妮？"他急切地说，"现在就关掉 Cosmos ！"

"为什么？"她问，"我们刚刚……"

"安妮，现在就去做，"埃里克的声音变成急迫的耳语，"立即关闭，直到今晚我回到家后，不要搜索任何进一步的信息。"他挂断了。刚挂断后，他又打电话过来了。"你从未看到过，呃，欧洲……"他以同样严肃的口吻说。

"但我看过！"安妮困惑地说，"我一直在法国和德国，还有西班牙和意大利，哦！"她明白了。"是那个欧罗巴。没有，当然没有。从来没有过。"她的父亲又把电话挂断了。

乔治有了那种以前他感受过的即将冒险的刺激感。

"对不起，"安妮对 Cosmos 说，感觉像是一个裁判命令一名选手回家似的，"我不想这样做，但我不得不这样做。"她按了退出键，Cosmos 的屏幕慢慢地变成死黑一片。

"现在怎么办？"乔治问，"我们最好在网上也不去查欧罗巴（木卫二），或者阿尔忒弥斯，直到你爸告诉我们可以。"

安妮说："嗯，显然，这是一个谜。"她看上去心事重重。"我知道！"她面露喜色，"让我们来完成宇航员招聘的申请吧！如果我们再也不能通过 Cosmos 进入太空，我们最好另找法子去那里！这是我们最好的机会。"

"OK，"乔治说，"但它并不能真正帮助我们参加阿尔忒弥斯航天计划。火星距离欧罗巴（木卫二）仍然很远，而我们可能永远都到不了那儿。"

安妮喊道："但是，如果我们参加培训的话，我们将进入 Kosmodrome 2 ！"

乔治惊讶地皱起了鼻子："Kosmodrome 2 在招宇航员？"埃里克的工作地点是保密的，甚至任何地图上都不标出。如果你搜寻谷歌地球，狐桥附近能看到的就是老工厂，安妮告诉他 Kosmodrome 2 就建在该处。

　　"是的，"安妮确认道，"我敢打赌，阿尔忒弥斯的指挥中心也在 Kosmodrome 2。这就是为什么爸爸这么慌张地离开。他要去找出到底在欧罗巴（木卫二）上放了什么。"

　　"为什么叫 Kosmodrome 2？"乔治问，"那里发生了什么？"

　　"他们本来把它建在莫哈韦沙漠，"安妮说，"那里太热了！所以他们决定搬家。"

　　乔治说："一大败笔！你确定他们知道如何在火星建立殖民地？"

　　"不确定，"安妮说，"这就是为什么那些失败的成年人需要聪明的孩子们的帮助。显然，他们需要数码新生代来告诉他们该怎么做。"她拔掉插在 Cosmos 的平板电脑，看着 Cosmos 设法在这么短的时间向她的前朋友贝琳达输送了数以千计的信息时，她笑了。有一条短消息发送于 30 秒之前，它只简单地回复：对不起。

　　"噢，地球人，"安妮叹了口气，"我们把一切搞得那么复杂！"

　　"在白羊星座上生活会更简单，"乔治同意，从她手里拿走平板电脑，打开招募宇航员的申请表，"只有你我，和我们的探测机器人，俯瞰火星沙漠。"

　　"天堂，"安妮叹了口气，"快来填表。让我们告诉他们，为什么你我应该是最先踏上这个红色星球的人……"

第四章

　　次日，乔治从学校回到家，他"咚咚"地跑过房间，仅仅停下来抓起一个妈妈用羽衣甘蓝、扁豆和胡萝卜做的松饼，妹妹朱诺和赫拉的乐高积木撒满厨房的地板，他跳了过去，奔到花园。他用牙齿咬住松饼，爬上树屋，希望安妮已经在那里。她没有令他失望。

　　"吃个松饼吧。"他从牙齿间拿下松饼。"不，谢谢！"安妮向后缩，"它沾着你的唾沫了！"她看上去有点暴躁和不安。乔治的心沉了一下。他希望她像昨天分手前那么愉快。他试图逗她高兴。"它的味道不错，"他断言道，"你总是说你喜欢我妈妈的厨艺！"

　　"她现在是很新潮，"安妮沉思地说，"你的父母现在是挺酷的。"

　　这是真的，这个世界似乎已经开始追上乔治的父母特伦斯和黛西的生活方式。他们曾一度因生态信仰、自制衣服、菜地、特伦斯的浓密胡须、花园中的蜂箱而被人嘲笑。就在安妮和乔治彼此认识的短短的一段时间里，世界已经改变，而特伦斯和黛西的生活方式已成时尚。他们的食物合作社，每日烤的面包刊登在时尚杂志的特色专栏中，特伦斯还被邀请就他们的生活方式开讲座，他和黛西还出版了野外觅食食谱。

乔治说："是啊，谁曾想到呢！"年少时，他想过其他孩子那样的生活，他的父母几乎一直是令他尴尬之源。但现在他长大了，这个世界对他爸妈也持有更善意的看法了，他不再为他们尴尬，而为他们骄傲了，但他还不太确定是否已原谅了父母带着还是婴儿的他生活在一个犹如铁器时代的营地，即使梅布尔——乔治强悍的祖母介入，要把他们拉出被称为泥沼的营地。他们最终离开了，但他仍然记得作为一个落伍的孩子的感觉。他记得那灼热的耻辱感——任何一支球队都不愿选他，他尝试着与其他孩子交谈，可那些孩子转身离开不愿和他搭话。他知道现在自己能为安妮做的最好的事就是帮她从同学之间发生的事中解脱出来，让她对别的事产生兴趣。那些与太空有关的事情将是最完美的选择，他脑子飞速运转，尤其是还带有几分神秘色彩的事儿。

"欧罗巴（木卫二）怎么样了？依然下落不明？或者你爸又找到了？"他问道，把其余的松饼塞进嘴里，松饼屑撒了下来。

安妮说："不知道。爸爸告诉我们什么都不要做，记得吗？"

乔治有点儿失望，问道："所以阿尔忒弥斯在海洋中也没有动作？"他不敢相信，埃里克告诉安妮不要去调查这一事件，安妮竟然答应了。放弃一次太空探险的机会，这不像是她呀。乔治猜她尚未真正从失落的阴影中走出来。

"谁知道呢？"安妮叹了口气，"从第一次提到不能说出那个太

空任务的名字后，那只奇怪的'鸟爸爸'还没见影儿呢。"

"什么？埃里克还没回家？"乔治说。

"我问妈妈，她说如果他还记得'家'在哪儿，她会感到惊讶。"安妮语调平平地说着。

"哎哟！"乔治惊呼道。

"她还说'安妮看上去不很安逸'，她曾经觉得自己像误嫁了Cosmos。而现在，她感觉她嫁给了Ebot。"

Ebot是埃里克的拟人化机器人，已被定制成能精确地模仿埃里克，如果在昏暗的灯光下，很难区分两者。

"这太奇怪了，"乔治说，"她不可能嫁给一台电脑！你妈妈在说些什么？"

"你试着在我家住上一阵子好了，"安妮叹了口气，无精打采地摆弄着马尾辫，"大人的话大部分时间在字面上没啥意义。"

"Ebot在哪儿？"乔治说，他才意识到还没有看到埃里克的人造孪生兄弟呢。

"嗯，我不知道。"安妮胡乱地敷衍着。

乔治并未上当。"你肯定知道！"他说，"他在哪里？"

"嗯，"安妮非常尴尬，"两天前，我派他出去买一些哈瑞宝橡皮糖，他还没有回来呢。"

"Ebot怎么能买东西？"乔治问。

安妮说："靠微晶片啊。"现在她用湿手指沾着乔治撒落树屋地上的松饼屑，吃了起来。"他身上装了一个，类似'非接触式'支付宝。"

乔治问："他一直没和你联系？"即使他不能肯定如果Ebot被

困在一堆碳酸甜食的货架中，他怎能与他们联系。

"没无线信号吧！"安妮说。

乔治绞尽了脑汁，想着可能激发他的朋友起死回生的另一个话题。"哦！"他想起来，"招宇航员！你得到答复了？"

"我还没查信息呢！"安妮惊叫着，一语惊醒梦中人啊，"这太不可思议了。听上去就像我永远不会查看信息了呢。"乔治看着她放在树屋地板的平板电脑。她下拉收件箱，找到了那个邮件答复。

"妈呀！"她读着，立即振作起来，"我们有可能做到了，乔治！我们通过了第一轮审核！已经入围！他们在未来几天内就会做最后的决定，但我敢打赌，那实际意味着我们入选了！"

乔治大叫："真棒！那么什么时候开始？"

安妮说："下周，他们只剩两个位置，但我知道那将是属于我们的！哦，哇哦，哇！我们要成为宇航员了！我们要去火星！耶！"她从豆袋座上跳起来，在树屋里跳来跳去。

就在此时，他们听到从街上传来刺耳的刹车声，接着是关车门和仓促的脚步声。

"嘿！"安妮高兴地说，"爸爸坐着他的无人驾驶汽车回来了。我们去告诉他吧。"他们爬下梯子，跳下最后几级，跑过安妮的房子，到后门时正赶上埃里克跺着脚走进厨房。

面对厨房里的埃里克，安妮和乔治突然地停住了。他手里拿着一个纸箱，里面放了各种发霉的东西，包括一盆下垂的盆栽植物和几个放在相框里的照片。他砰的一声把盒子摔在厨房的桌子上，那可怜的植物所剩不多的最后几片叶子掉了下来。埃里克的嘴愤怒地扭曲着，两个朋友从不知道一张嘴可以变成那个样子。他通常苍白

的脸颊有些亮点，他的眼睛在厚厚的眼镜片后面闪着光。他从纸箱里抓起一个杯子，把它递给了安妮。"礼物。"他苦涩地说着。

印在杯子上的字是世界伟大的科学家！安妮把它转来转去，读着上面的名字。"玻尔，达尔文，爱因斯坦，狄拉克……"她不停地大声说着，"你的名字不在上面！"她感叹道。

"是的，"埃里克说，"那会是完美的最后一击，真的。"

安妮轻轻地把杯子放到餐桌上。"要我给你沏杯茶吗？"乔治问。

"为什么不呢？"埃里克说，语调相当疯狂，"毕竟，我现在无事可做了，除了喝茶。是的，乔治，给我来点茶，谢谢你。"

安妮的妈妈出现在埃里克身后的走廊里。"这是什么？"她怀疑地说，"你为什么回家？"

"因为我住在这里？"埃里克声音颤抖地说，转身面对着她。

"哦，"安妮对乔治嘀咕着，"你最好赶紧撤！"乔治开始蹑手蹑

脚地朝后门走去，希望他能抽身出来，跑回家去。但事实并非如此。

"乔治！"埃里克勉强地，假装兴奋地叫道，"不要为我而离开！"

"我，呃，真的要回家了！"乔治叫道，并继续向门口边走去，"不管怎样，谢谢，埃里克。""不要走，"埃里克恳求道，"如果你这样做，那么我的妻子和女儿会说我吓着你了！"他那双厚镜片后的眼睛看起来很大很亮。

乔治感觉糟透了，他急于离开，但另一方面，他又不愿意让埃里克生气，也不愿意让安妮和苏珊感到不便。他用一只脚站着，然后换了另一只，试图决定这两个选项中哪个更好些。

"埃里克，"苏珊叹着气，插话道，"你为什么现在在这里，我还以为你在上班呢。""因为……我不……"他说。

"你不什么？"在长时间的停顿后，安妮问。

"工作！"埃里克爆发了，"我不工作了！我没有工作了！"

"你被解雇了？"苏珊惊恐地说。"更糟的是，"埃里克冷冷地说，"我被……被退休。"

"退休了？"安妮说，"我知道你老了，但你还没有那么老啊！"

"那个杯子，"埃里克说，用颤抖的手指指着那个惹气的物件，现在已无人再敢碰它了，"是我的退休礼物，从世界上最昂贵的太空设备 Kosmodrome 2 退休了。他们给了我一个杯子，上面甚至连我的名字都没有。"

"走吧！"安妮用口型对着乔治说。乔治又开始朝后门溜去。

"你退休了？"苏珊惊愕地说，似乎终于听明白了，"你是说，你要在家了？"

"我想如此吧，"埃里克说，但他看起来像从未想过这个问题似

的，"你为什么要问？"

"是……"苏珊犹豫着。然后，她脱口而出："好吧，刚才我接到一个电话。"她似乎太震惊于埃里克的新闻以致都不知道自己正在说什么。"有一个乐团巡回演出，"当她不得不承认什么事时，她用一根手指卷头发的样子与安妮一模一样，"是全世界的巡回。他们需要一个演奏员。独奏的！他们给了我那个位置。好吧，我说我当然不能去！安妮放假没人照看。"

"我不需要照顾，"安妮说，"我不是孩子！"

"是，你是！"她妈妈说，"没成年人管家，我不能离开你。我问过黛西和特伦斯，但他们都忙着照顾那两个小的，这似乎不公平。"

"对不起，"埃里克说，"难道我现在不能算成年人？"

"我刚才只是说，你总是在工作。"苏珊静静地说。

"你不在的时候，我肯定能照看我自己的女儿，"埃里克傲气地说，"我很惊讶这你竟然还要问。"

"可是我不明白！"乔治，他一直站在后门安静地听着，此时他爆发了，"为什么你被退休？"

"为什么？"埃里克也疑惑地问，"我终生都在问，'为什么？'我突然对'为什么'不再有兴趣。抱歉，我要去外面收拾花园……"他大步向后花园走去，那是一块更像丛林而非花园的地方，他昂着头，不看任何人的眼睛。

他离开后，"哇！"安妮说，"超级糟啊！这太可怕了。"

"这，这，"苏珊同情地说，"这是真的。"她似乎被惊呆了。她在厨房的椅子上坐下。"我不知道我们现在怎么办。"

"我知道，"安妮果断地说，"妈妈，你应该去参加世界巡回演出。你一直想和乐团去做巡回演出。你告诉过我那是你最大的抱负！"

　　"别傻了，安妮，"她妈妈说，"我真的不能去。那只是一个梦。"

　　"不，那不是，"安妮说，"爸爸刚刚说的就是同意。你走后，无论如何，我会照看爸爸。"

　　"我认为他说的是反话。"苏珊说，露出了一点儿笑容。

　　"你应该给他们打电话，说你会参加。"安妮说。

　　"但明天就开始了！"苏珊说。

　　"那又怎么样呢，"安妮说，"去，收拾行李，妈妈！"安妮跋扈地说，乔治心想这是个好兆头。这意味着，她有点儿像那个他了解的安妮了。

　　苏珊急忙走出房间，他们听到她跑上楼，走到她的房间，然后是开橱柜门的声音。

　　乔治说："来吧。"他们都朝树屋走去，默默地爬上梯子。爬到顶上，安妮"扑通"一声倒在豆袋座上。

　　"现在怎么办？"乔治说，"你爸现在不是科学家了，他要做什么呢？"

　　安妮家的后花园发出一声可怕的噪声，似乎在回答乔治的问题。透过树屋的制高点窥看，他们可以看到杂草丛生的花园里的埃里克，戴着他实验室的护目镜和重绝缘手套，那手套原本是用于处理干冰等极冷或极热物质的，他正挥舞着电锯，开始对犹如丛林般的花园发起进攻，随着他挺进，灌木丛、绿色的枝叶，甚至小树枝漫天飞着。

"我想他正收拾园子呢。"安妮大声说着，试图盖过噪声，但乔治示意他什么都听不到。

他在安妮的智能手机上输入："在我们变成聋子前！让我们进屋去！"

他们爬下梯子，跑进乔治的家，试图逃离可怕的噪声，找个能安静交谈的地方。

他们选错了房间。当他们从后门冲进来时，他们发现特伦斯和黛西正在厨房里。"乔治！"他们兴奋地叫起来，"你永远也猜不到的！"

第五章

特伦斯和黛西喜气洋洋，满脸都是笑。乔治不知道该说什么，但安妮却没那么害羞。

"什么事儿？"她兴奋地说，"是在 iTunes 上，黛西的烹饪书名列第一？"

"比那更好呢。"特伦斯说。安妮一脸困惑。在她看来，对于黛西和特伦斯来说，没什么能比那更令他们兴奋的了。

"嗯，你让发电机工作了？"乔治满怀希望地问。特伦斯一直试图以旧袜子和食用油作燃料来为自家供电。以此实现正常供电是不可能的，但这个想法很棒，可是到目前为止他还未成功呢。

"不，没那么好。"特伦斯承认道。安妮更加困惑了。她喜欢乔治的父母，但有时他们比自己的父母更奇怪。

"我们在 WOOFers 得到了一个位置！"黛西突然大声说，"难道不是很棒吗？"

安妮偷偷看了一下她的朋友，乔治看上去很惊恐。"什么是 WOOFers？"她低声问。"愿意为有机农场工作的人（即 Willing Worker on an Organic Farm 的缩写）。"他低声回答，"这真是个坏消息。"他怀疑地看着父母。"在哪里？"他问。

"在法罗群岛北面的一个小岛！"他妈妈说。

"法罗群岛以北没有岛屿，"乔治说，"除非你的意思是北极。"他的脸沉了下去，似乎都快耷拉到地上了。

"乔治！"他的父亲啧啧地说，"我们希望你能表现出一定的热情！我们可以在那里度过整个夏天，参加一个美妙的有机农业实验。那里不许有手机或互联网通信，所以我们将能够回归自然，像地球母亲所希望的那样去体验自然！太好了！"

乔治已经怒不可遏了。就在他以为能信任他的父母时，他们又让他完全失望了。但他不会支持那件事，而且他肯定不会为了那个而错过太空营。

"我不参加！"他坦言拒绝。

"不，你要参加！"他的父亲说，"我们都去。这将是一个美好的全家团聚。那段时间你可以与你的小姐妹走近大自然的奇观，呼吸新鲜空气，接触农场业而远离科技，整整一个夏天的时间，你还要怎样？那将是令人难以置信的。"

"不，不会，"乔治说，"那不适合我。"通常他都是彬彬有礼、乐于助人的，但这一次他已经受够了。他要去太空营，就是要去太空营。

"乔治！"他母亲担心地说，"我不明白！我以为你会高兴得不得了。"

"好吧，我不高兴，"他说，"我不想参加，更重要的是我不会去。"他眼前闪过铁器时代营地的回忆。他再也不要他的父母那样对他了。

安妮决定参与进来。"事实是，"她说，"这个夏天，乔治和我已经申请去太空营了！"

"你已经申请了？"妈妈问，"你没说呀！"

"刚发生的，"安妮说，"这个事真的有点儿怪我。但我们已经通过第一轮选拔，我们可能真的会被选上。"

"可是你们在太空营做什么？"乔治的母亲问，看上去很困惑，"你怎么能在太空中露营？我不懂。你的帐篷会不会飘走？"

"不，黛西，"安妮耐心地说，"我不认为我们真的去露营，也不是到太空去。我认为我们会住在宿舍。我们每天会接受特别培训，我们需要学习不同技能以便当我们成年后飞到太空。"

"类似什么样的训练？"黛西问。

"好吧，"安妮说，"从读到的资料来看，我们必须了解机器人技术，如何开动探测车；我们将学习航天器的飞行系统，如何在另一

个星球上生存，很多健身的东西，大量的通信，大量的信息通信技术等。这真的很酷，我们会学到很多东西。就好像一所全是超级聪明热爱太空的孩子的学校。"

"咦，又是太空！"特伦斯哼了一声，他不是探索宇宙的粉丝，"我希望你对农耕能表现出同样的兴趣，乔治。"

"我感兴趣的是在火星上养殖。"乔治说。但这似乎使他父亲更加恼火。

"你可以看到，"安妮愉快地继续说着，"我爸爸整个夏天都在家！他现在没工作了。"

"我不相信，"黛西说，"你父亲总是在工作。"

"他在休园艺假。"安妮说。

"哦，就是刚才那可怕的噪声？"特伦斯问。

"是的，所以他会在这里，他可以照顾我和乔治，如果我们真被录取的话，他带我们去太空营。"安妮继续说着，她为发现了适合所有人的解决方案而感到高兴。"当你们不在时，我爸可以照看你的后花园！"当特伦斯想着埃里克要照管他宝贵的菜地时，脸色变得苍白。"乔治会帮助他。"安妮急忙说，已经意识到自己的错误。

"我需要跟你妈妈谈谈。"黛西说，与特伦斯交换了眼神。

"你最好快点儿，"安妮说，"她马上出发去巡回演出了。"

"你确定这是你想要的，乔治？"他的妈妈问，轻轻撩起他耷下来的刘海。

通常他会推开她，但当他看着她的眼睛时，他知道她已经明白为什么他不能和她一起去。挺尴尬的，他几乎要流眼泪了，所以他只是点头作答。

"这次可和以前不一样，"她轻轻地说，"这次将与众不同。"

"我不能。"他低声说。

"我明白了。"她说，他知道她也没有忘记铁器时代的营地。这让他感觉好多了。她拥抱他，他觉得一滴眼泪偷偷地流出了眼角。她在他耳边小声说："我们是如此地爱你啊。"

"现在我给妈妈打电话！"安妮说。她找出智能手机，拨通了妈妈的电话。黛西让乔治拿过安妮的手机。"苏珊？"她说，"我是黛西。安妮刚刚跟我们说了一个想法……"

黛西走到另一个房间，继续着妈妈之间有关夏季新计划的谈话。同时特伦斯跺着脚走进花园，在最后一片叶子仍在时，在一切还不算太晚之前，在埃里克彻底毁灭隔壁的花园前，看看他能做些什么。

安妮的妈妈，乔治的父母以各自不同的方式离开后，这里很安静。

离开之前，乔治的父母锁上房子，乔治把自己的东西搬到隔壁安妮的家，那里有一间空余的卧室。这个学期的最后几天，乔治每天早晨从他的新驻地动身去参加活动，当天下午回来，与安妮一起消磨时光，等待航天员的最后通知。

乔治心想，安妮还是不太像平常的她。她似乎并不想以她自己过去的方式做事。她没有纠缠着埃里克带她去科学博物馆或滑板公园。她似乎很高兴在树屋里坐着思考，消磨夏日时光。

乔治和他们当邻居最具挑战性的地方在于——他一直梦想着和埃里克住一样的房子，和他一样拥有科学目标和知识——最终出乎意料地成为埃里克那样的人。

乔治从不知道自己会发现什么。学期末最后一天，他在房子里晃荡，在前门发现了一把梯子、一支画笔和一个丢弃的罐子。走廊的墙壁一半被涂成灰绿色，另一半是覆盆子粉，中间颜色有点儿怪，似乎涂料混合变成了褐色。乔治小心翼翼地穿过大厅，朝厨房走去，迎接他的是一种难闻的水果味儿。

埃里克站在炉子旁，狂热地搅拌着一口巨大的正在沸腾的大锅，锅里的紫色东西黏糊糊的。收音机落在厨房窗下的水槽里，那里传出超大声的歌剧音乐。

即使从后面，乔治也能看到，埃里克的衣服和双手都溅上了亮绿色的油漆。突然，音乐停了，埃里克转过身来。安妮从后门进来，乔治也正从大厅进入厨房。埃里克的眼镜上都有油漆，他笑容满面对着两个朋友。

安妮指着锅说："爸爸，那是什么？"乔治知道他的朋友希望那是科学实验。

"这是晚饭！"埃里克灿然道，他疯狂地挥舞着木勺，以至于黏稠的淡紫色的大泡沫咕嘟嘟地飞溅到墙壁上。

安妮和乔治站在火炉旁，忧心忡忡地凝视着大锅。

"你做的？"安妮说，用小勺戳着锅中之物，"吃的？"

乔治感觉有些不适。由于他母亲不寻常的烹饪风格，他吃惯了古怪的食物，但至少他母亲确实是在烹调，尽管有些不寻常的成分，可味道还不错。

"糖渍樱桃，"埃里克说，"用了58种调味品、鱼蛋白、羽衣甘蓝、紫菜粉和维生素做的。你会爱上它，我花了一整天。我从一本书上看到的食谱，作者以前是一位化学家，现在是一名厨师。这给了我很多的想法。整个夏天，我将尝试着都做出来给你吃，也许在我尝试完这些之后就能写出自己的食谱呢！"

乔治和安妮交换了一下眼神。

安妮问："还有其他什么吃的吗？""没有，"埃里克说，看上去生气了，"这是一个营养齐全的晚餐。它包含了你所需要的一切。在核冬天[1]，你可以靠这个果酱存活。"

"好恶心啊！"安妮用嘴型对乔治嘟囔。他们俩都发现自从埃里克全天待在家里，变得难搞了。以前，他作为世界领先的科学家之一，出出进进，总有些光环跟随，他对此感到愉快而且饶有兴趣，

---

1 核冬天假说是一个关于全球气候变化的理论，它预测了一场大规模核战争可能产生的气候灾难。核冬天理论认为：当使用大量的核武器，特别是对城市这样的易燃目标使用核武器，会让大量的烟进入地球的大气层，这将可能导致非常寒冷的天气。

有时还有点儿心不在焉。但现在全部时间都在家里，他变得相当情绪化，有点乖戾，很难取悦。

他们曾试图和埃里克谈 Kosmodrome 2 发生了什么，他们也向他询问过神秘的阿尔忒弥斯和失踪的欧罗巴（木卫二）。但埃里克不想谈任何与之有关的事。每次问他，他不想回答时，他就遮遮掩掩，话锋一转，开始谈别的。

安妮抓起电话。"给披萨店打电话，"她说，"素食饼给乔治，我要香肠的……你呢，爸爸？爸爸？"

"不需要，"埃里克说着，转向火炉，"今晚我将以超级果酱为晚餐。"

但正当乔治想是否应该随家人去法罗群岛，而安妮正纠结着是否能去参加她母亲的巡回演出时（不管苏珊现在究竟在哪儿），发生了两件事。

首先，Ebot 回家了！两个朋友很高兴再次见到了这个类人机器人。他漫步跨过大门，后面跟着送披萨的人。机器人看起来有点皱皱巴巴的，但除此之外，和本人很像——也就是说和埃里克很像，只不过是机器人的样子罢了。

"Ebot！"安妮喊着，跑过去拥抱他。

"Gree——"Ebot 开始说话，但戛然而止。他四肢发软，倒在了走廊里。

"他没电了，"乔治说，跪在机器人旁边，他们俩都染上了一点儿绿色环保涂料，"我们需要给他插上电源！"

安妮把披萨放在他们之间的地板上，把类人机器人带到她父亲的书房。这里以前装满了书、照片、望远镜、埃里克的奖品和证书，还有一块画满白色粉笔波浪线的巨大黑板。现在它几乎空了，只剩一张桌子和一把椅子。来自 Kosmodrome 2 的特警队来过，收回了一切被认为是"公共财产"的物品。真是令人震惊，其中也包括 Cosmos，那台超级计算机。

当时，Ebot 不在家，他被安妮打发去购物了，因此他是少数未被特警队收去的物品之一。幸运的是，他们没有找到无人驾驶汽车。那天，因为它没电了，埃里克不得不把它留在赛恩斯伯里的停车场，那天他在那里采购油漆、香料和其他的他能想象到的自己妻子购物时买的奇怪东西。

但他们几乎拿走了一切。

两个朋友把 Ebot 放在桌上，但愿 Ebot 的电源线还在，乔治在抽屉里翻找着。安妮松了一口气，她找到了，将 Ebot 的电源线接到墙上。当他开始慢慢地充电时，暗淡的光线在类人机器人的眼中闪耀着，先前那对眼睛已经黯然无光。

当他们等待 Ebot 重启，安妮轻轻拨弄着智能手机打开信息，她突然高兴得大叫起来。

"什么事？"乔治说。

"我们被录取了，乔治！我们成功了！我们肯定进入了火星的培训项目！"

"哇——呜！"乔治高兴得跳起来。这是他有生以来得到的最令人兴奋的消息。"我要成为宇航员了！我将在太空中飞行！我将在火箭中升空！耶！"

"我要给妈妈发信息……"安妮喃喃自语。她打字发给母亲一条信息，而乔治意识到自己无法让爸妈知道，因为他们那儿没有任何形式的通信。他想着是否应该用钢笔和墨水给他们写封信，或送去一只信鸽。他想念着原以为自己不会那么想念的父亲和母亲。

安妮发完了信息，却仍不停地查看手机，希望赶快收到回复。然而并没有回复。有那么一会儿，两个朋友都感到有点儿难过，他们再没有可告诉这个好消息的人了。但好消息又使他们高兴起来！他们将成为宇航员！他们最终可能会成为走在红色星球的第一批人！

"我们需要做什么？"乔治非常激动地问，"我们需要带什么？我们一定要做好准备！我们只是坐在这儿！我们需要做事情！"

"不，我们不需要！"安妮说，"这里，信息上说，我们不需要带任何东西。""那就好，"乔治说，"因为我们只有一些维生素果酱和一个罢工的机器人，什么时候开始？"

安妮说："明天！哇！我们必须去 Kosmodrome 2，哦——"她的脸沉了下来。

"怎么了？"乔治问。

她说："我们需要一个成年人替我们签字，未经父母授权，我们不能参加。"

"你爸可以签字，"乔治理性地说，"我爸妈已授权给他了，不在时，如果需要签字，他可以为我签字。"

"哦，是的！"安妮高兴起来了。埃里克从外面的走廊里走过，踏在披萨饼上了，他们听到踩披萨的声音。"爸爸！"她叫着。他从书房门口探出头来。"我们入选进入太空营了！"

"哦，好。"埃里克说，披萨饼粘在他的凉鞋和袜子上，但他似乎没有注意到。

"明天你能带我们去，"安妮问，"Kosmodrome 2 吗？"

"Kosmodrome 2 ？"埃里克说，他的脸变黑了，"不，我不能。而且你们也不能去。我不会去那里，我也不会让你们去。就这样了。"他转过身去，走了，当他离去时，奶酪碎条儿洒落下来。

"哦，糟糕的消息。"安妮说，但她看上去心事重重，而不是崩溃，乔治的感觉就是崩溃，他简直无法忍受如此临近的太空旅行，又要泡汤了。

安妮说："如果我们只在第一天跑去，然后我们在傍晚或其他什么时候回家，这样我爸爸就不会知道……"

"这不行，"乔治摇摇头，他失望透了，"我们自己进不去，我们仍然需要大人替我们签字。"

"真倒霉，"安妮说，"如果我们有一个像父母一样的人，能替我们签字又在身边就好了……"

此刻 Ebot 一定是完成快速充电了，他从办公桌坐起来，像个从坟墓里坐起来的木乃伊，他说："你好，朋友！我回来了。"

晚些时候，埃里克和 Ebot 在厨房里会合。经过几天耗电的活动后，Ebot 仍在享受着充电。和他的机器人一样，埃里克在制作果酱中，耗尽了精神，他也在打瞌睡，这意味着厨房属于他们两人的了。

乔治要在厨房的桌子旁坐下时，安妮说："小心点，这里很黏，到处都是果酱。"

火星上的条件

我们知道，现在的火星是一个寒冷的沙漠行星。它的表面上没有任何生命迹象——简单或复杂生命都不存在，但它曾是湿暖温润、生命蓬勃的世界吗？火星漫游者探测器被发送到这颗红色星球上进行科学探测，它发现的线索告诉我们，火星曾是一个与众不同的地方。

但火星可能再次变成肥沃、富含氧气的星球吗？我们可以在那里种庄稼，在大气层里呼吸，享受风和日丽的火星之夏吗？我们可以使火星"地球化"，使其大气层，其气候，其表面适合生活吗？

"地球化"的意思是指巨大地改变整个星球，从而创建出一个适合人类、动植物居住的环境。

就火星的情况而言，我们需要建立一个大气层，加热星球的温度。

为了使火星升温，我们需要在大气中加入温室效应气体，获得太阳的能量。这几乎和地球的问题相反，在地球上，我们在大气中释放了过多的温室效应气体，我们希望地球冷一点儿，而非热起来！

但是火星是否有足够的重力为我们维持一个足够厚的大气层呢？它曾经有一个磁场，但40亿年前就衰减了，这意味着火星上大部分的大气层已脱离了，只有相当于地球大气层1%的压力，因此重力小得多。

虽然在过去，大气压力——也就是大气中空气的重量——一定会高一些，因为我们看到了干涸的河道和湖泊。但现在液态水无法在火星上存在，因为它只会蒸发。住在那里，我们需要水——火星两极有大量的水以冰的形式存在。如果住在火星上，我们可以利用那些冰。我们也可以利用火山带地表的矿物和金属。

因此这颗红色星球潜力巨大，但对第一批宇航员而言，这将是非常困难的工作。在他们还没想过要进行地球化的长期任务之前——如果这可能实现的话——他们将有很多的工作要做，才能在我们的邻居火星——多岩且尘土飞扬的世界中生存下来。那就像生活在某种具有可控大气层的圆顶中，只有戴呼吸器才可能走出去！

为了建立一个殖民地或火星上的人类居住地，那些宇航员们需要聪明、机智、勇敢和执着。

这听起来像不像你？

火星上的生命——真的吗？

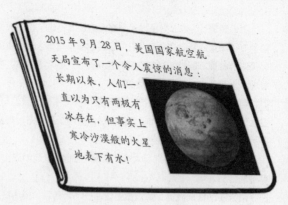

2015 年 9 月 28 日，美国国家航空航天局宣布了一个令人震惊的消息：长期以来，人们一直以为只有两极有冰存在，但事实上寒冷沙漠般的火星地表下有水！

这对火星人的存在意味着什么？

美国国家航空航天局的科学家透露，夏季，水沿峡谷和陨石坑壁顺流而下，秋季较冷时便干涸了。我们还不知道水从何而来，也许它从地面上或者从薄薄的火星大气中凝结。但令人兴奋的是，这使我们的太阳系生命探索之旅又向前迈进了一步。

科学家认为，哪里有液态水，我们就会在哪里发现生命！

我们未来的殖民地

这一发现也意味着，在火星上创建人类生活圈可能更容易一些！如果能够把水从当地水源中收集起来，那将能解决未来在这颗红色星球作业时令人头疼的主要问题。

距离在火星上生活又近了一步！

午后，果酱似乎就已经退化成不同的颜色，厨房柜台上的斑点已经变成亮蓝色，而地板上的为橙色，天花板上的则是牛油果绿。"我希望你爸还是去当科学家，"乔治抱怨道，"这条街上只有一个疯狂大厨的位置，那就是我妈。"

安妮说："是啊，他必须做点什么。我的意思是他要做真正的工作。物理学家不可能完全无用。"

"他总是说，宇宙仅仅是管道的问题，"乔治说，"他能当个水管工？"

"嗯，"安妮说，"我想他做个 DJ 或歌星更好些。"他们都大笑起来。

"唔，果酱糊都黏在我身上了，"乔治说，"我们可以回到树屋去吗？"但英国夏日真正的风格是室外大雨倾盆，雨水像肥大的绳子那么粗，晚上又冷又凄凉。他指着挂钩上的他家的房门钥匙说："嘿！去我家吧！也许我们还能找到一些食物呢。"

安妮说："我饿了！咱们走吧！"

冒着瓢泼大雨，他们冲下花园，钻过分割两家花园的篱笆洞。跳到水中，冲到乔治家的后门。他慌忙掏出钥匙，插进去，这两把钥匙与隔壁的大小形状相同，但设置完全不同。他们站在厨房里，水珠从他们身上滴落。对于乔治来说，厨房有着干香草、磨碎的胡萝卜和柠檬皮的熟悉气味，混合着淡淡的土壤气息，这闻起来才像家的味道。乔治打开灯，节能灯泡散发出暗淡而温柔的光芒，完全不像埃里克照明用的超亮的 LED 灯。

"呼，"安妮在厨房里的一把椅子上重重地坐下，"一间正常的房子。"

乔治心想，当他的朋友说他的房子很正常，这相当了不起。这真的意味着隔壁已经发疯了。

　　"我们需要制订一个计划。"他说着便在厨房橱柜里翻找着吃的。他碰到一个饼干罐，里面有些不很新鲜的饼干。"接住！"他扔给安妮一块，她巧妙地抓住了。

　　"味道好极了！"她说，"黛西获奖的饼干！"

　　乔治说："比埃里克的'核冬天存活的果酱'味道更好。"

　　安妮兴奋地说："明天我们将在太空训练营！吃太空干粮！"

　　"我们？"乔治说，"信息上这么说的？我们在地球上要吃太空食品？"

　　"当然，"安妮说，"为了让我们适应脱水食品。"

　　"我不知道太空训练营是那样的，"乔治真的很爱吃自己的食物，"我不知道我们要吃那种尘土多久呢？"

　　安妮说："嗯，它并没有说，这是挺奇怪的。它说到夏季结束时，但并没有给出具体日期。"

　　"我们真的不需要带任何东西吗？"

　　安妮说："不需要，他们提供一切。"

　　"它真的在 Kosmodrome 2？即使是和你的爸爸一起，我们也没法儿进入的地方？"

　　安妮说："如果你不信，你自己读信息。为什么你有这么多问题？"

　　乔治叹了口气，说："我真的很想去太空营地，我想要去火星，真的真的很想，那比什么都重要。可是，我只是感觉不大对。"最初对于即将到来的新冒险感到兴奋刺激，可现在却开始变得有点恶心

反胃了。

安妮承认道："是的，我知道，这就像一些事，即使你无法看到，你也知道它们是真实的。"

"比如电。"乔治指着灯说。

安妮说："还有不好的感觉。但我们必须去太空训练营，因为这可能是我们做过的最令人惊叹的事情。它可能变得非常棒，完全可以，而且——"

"我们需要进入 Kosmodrome 2 找出欧罗巴（木卫二）到底发生了什么，阿尔忒弥斯是什么。"乔治补充道。

安妮说："就目前所知，我爸被踢出 Kosmodrome 2，就是因为他问了欧罗巴（木卫二）和那个冰洞。因此我们必须去，即使我们不想去。"

"但是我们还是有些想去。"乔治说。

"我们一定要去！"

"无论如何，我们都不能错过。"乔治现在感觉好多了，现在他明白关于太空营，安妮有着和他一样的想法，得知不是他一个人有疑虑，对他是有帮助的。

"但在 Kosmodrome 2 时，必须尽我们所能找出更多的东西。"

安妮说："在我爸做更多的果酱之前，我们还必须试着让他重返工作。"

"或油漆更多的墙之前。"乔治说，他刚刚注意到自己的手上有明亮的绿漆。

安妮说："登陆火星的同时还有很多事情要做。"

乔治说："我们能够应付，但有一件事，我们必须注意你爸的那个副手瑞卡·杜尔。我敢打赌，她多少卷入了这次事件。"

安妮疑惑地说："我觉得她只与规则和条例有关，就像讨厌的学校的头儿。我猜爸爸不知道怎的使她……你知道他是什么样的。但我认为她可能并不邪恶，对吗？"

乔治说："我不知道！但我敢打赌，我们将找到答案。"

第六章

　　"乔治！"一道炫目的光照在他紧闭的双眼上。他觉得自己正在从海洋的底部向上游动，奋力游向海面。"乔治！"那个声音再次叫着，此时一只手摇晃着他的肩膀。

　　他试图翻身。

　　"不！"一个声音生气地嘀咕着，"你必须起床！该走了！你的衣服都在楼下。走吧！"

　　像超级英雄披着斗篷一样，乔治裹着羽绒被，睡眼惺忪、步履跟跄地走出房间，下楼去。跌跌撞撞走进埃里克的书房，房间里空荡荡只剩一把椅子，他的衣服果然在椅子上放着。即使处于昏昏欲睡的状态，但当他看到埃里克

的东西都被搬走后大不相同的光景，他依然感到震惊。

　　他穿好衣服，走过厨房，安妮在厨房里已经穿好衣服了，她穿着冲锋裤、T恤衫、崭新的训练鞋，长长的金发绑成马尾辫。乔治

已经很久没见到她这么高兴了。

她说："就这样，该走了！"

乔治点点头。昨晚他们已对计划达成一致。如果没什么希望他们就取消计划。"Ebot 在哪里？"他嘟囔着。

"他去拿车了，"安妮说，"现在他应该是在外面了！走吧走吧走吧！"就这样，她半跑着，半推着乔治，顺着走廊门口，他们跳到了马路上。

果然，埃里克那小小的淡蓝色的无人驾驶汽车，被 Ebot 解救回来并充了电，现在就停在外面，前排座椅上坐着友好的机器人。他们已经决定 Ebot 应该坐在驾驶员的位置上。这样一来，任何驶过的人都不会注意到这汽车或乘客有什么异常。他们会认为 Ebot 是一个成年人正开着车带着两个孩子，只是一个正常的日常郊游……

当然，这车是无人驾驶的，而类人机器人冒充父母假装开车其实并不算正常，但安妮想没必要让人知道。

无人驾驶汽车

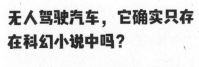

无人驾驶汽车，它确实只存在于科幻小说中吗？

令人惊讶的是，无人驾驶汽车已经存在了！也被称为机械手或自动驾驶汽车，这些汽车可以在无人驾驶的情况下正常行使车辆的主要功能。它们可以使用雷达、计算机系统和全球定位系统感知周围的环境，因此它们行驶时，可以避开障碍物或应对不断变化的道路条件。

比如，谷歌自动驾驶汽车，已经由被称为谷歌司机的软件运行了数年，他们最新研制的汽车没有方向盘和踏板！

无人驾驶汽车可使长途旅行不劳累，也能帮助不能驾驶普通汽车的残疾人或者盲人，在这些方面它真有用。如果运转正常，由机器人驱动的汽车可能比由人类驱动的汽车更安全：机器人不看窗外或反复折腾变换电台频道，不接听手机或与乘客争论！

但也有人认为在其他方面它们可能存在危险。如果一辆无人驾驶汽车在运行中发生故障，车内的乘客则可能无法控制汽车。如果我们都忘了怎么开车会怎样？那是个好主意吗？如果机器人接管了驾驶，那会对公共汽车、长途汽车和出租车司机造成什么影响？他们去做什么工作？

一些欧洲国家已经为无人驾驶汽车建立了公路网络制订了计划。请睁大眼睛，你可能很快就会看到你的身边驶过一辆无人驾驶汽车。

"我们怎么才能找到 Kosmodrome 2？"乔治问，他奇怪昨晚竟然没想到这个问题。此刻天色尚早，清晨的天空上金星明亮可见。"我们甚至不知道它在哪里！"

"我们不知道，"安妮兴高采烈地说，"但汽车知道！看吧！"

启动汽车全是 Ebot 所为，Ebot 有与埃里克相同的指纹，他所要做的就是用食指触摸方向盘中央。一旦发动机开始运转，安妮引导 Ebot 的手指到仪表盘电脑上选择最后的目的地，将它设定为"Kosmodrome 2"。

"如果用我的手指，它会工作吗？"乔治问，现在他才清醒些了，开始感觉到他们真可能收获什么！"不行，"安妮说，"这是触摸式控制，只有爸爸的，或 Ebot 的指纹才能操作。"她转头朝乔治咧嘴笑了，乔治坐在狭窄的后座。

就这样，小车的指示灯显示了。

安妮说："系好安全带！"她系上安全带。乔治也找到了自己的安全带系好。安妮把 Ebot 的手放在方向盘上。他实际上不能把握方向盘，因为安妮一直很小心，禁用汽车的手动选项，但她仍然认为应该确保所有细节到位。"我们出发了！"她说，车子驶上路，开始了去 Kosmodrome 2 的旅程。

这不是乔治的一生中最轻松的自驾之旅，他不确信真能信赖安妮或 Ebot 操纵一辆移动的车。况且它开得飞快。汽车显然还保持着埃里克从 Kosmodrome 2 满腔愤怒离开那天的状态。汽车飞驰而过，穿过狐桥清晨稀疏的交通道路，直到他们上了主路。在一处转弯时，它竟然转得那么急，两个轮子居然离开地面！

"啊喂！"安妮在前排座位上尖叫着，车子还在加速。但她似乎

是喜悦和激动的尖叫而非恐惧。

"抓紧!"乔治在后面喃喃自语。他被忽左忽右地抛甩着,但愿不会晕车。他的父母甚至没有一辆普通的汽车,就是那种自己驾驶的车,所以他绝对不习惯这种旅行。即使是安妮,她也双眼紧闭,并抓紧安全带。

"你能不能让它慢下来?"乔治在后面喊着。"不能!"安妮说,"我不敢碰任何东西!如果我试图改变任何一点儿的话,这车可能会停止或倒退,或把我们带错地方,或者速度更快!"

汽车飞驰掠过大地,他们只看到模糊的绿色、黄色和棕色。如果他们再加速一点点儿,乔治担心它就可能飞起来了!他想要飞,但要在为飞而制造的机器中,而不是在埃里克的好玩儿的小车上。

唯一享受旅途的只有 Ebot，他是机器，没有会翻江倒海的胃。靠他那边的车窗开着，风吹进来使他的头发一个劲儿地往后飘，他看上去很轻松，无忧无虑，甚至很有飞车党的范儿。

　　终于他们感觉车速慢了下来。车子正驶入一条无标识的路，它通往隐蔽的太空设施 Kosmodrome 2，路的两边筑有很高的围栏篱笆。看起来像是一条农场小路，不知通往何方。车上的乘客对那个地方一无所知，还好车子知道往哪里行驶。

　　终于，道路两旁伫立着的红白色条纹柱子挡住了去路，柱子上放着小黑盒子。旁边的标志牌上写着：禁区！未经授权不可入内！道路两边架着高高的铁丝网，他俩以前从未见过这么高的铁丝网。

乔治问："现在怎么办？我们怎么过去？"

安妮摇下车窗，审视着路旁的小盒子。那上面有个小小的屏幕。"我知道了。"她说。她拿出手机，滚动着屏幕，找到想要的，再把手机贴到路旁的屏幕上。乔治从后面伸长脖子希望能看得更清楚些。安妮手机面前的屏幕变成绿色，她收回手机，乔治看到屏幕上清晰出现的字。

"欢迎，宇航员，"它读着，"欢迎，乔治·格林比！欢迎，安妮·贝利斯！请你们前往主楼。"

红白条的拦车杆升起，在路障再次砸下来之前，小车从底下冲了过去。

乔治说："它怎么知道？""他们送来的条形码，"安妮说，"我们入选后，他们说我们所需要带的就是条形码。"

乔治说："好啊，这个管用！虽然没有太多的安全检查，没人在这儿。"

但是，当他们向一座遥远的伫立在空地上的物体开去时，他注意到那些起初以为是绕着车飞的黑色的鸟。当它们飞近了，直冲到挡风玻璃前，并在车窗周围飞时，他才看见了那不是鸟。它们看起来像很小的空中摄像头，每一个都眨着红色的眼睛。

安妮说："无人机！它们在

拍我们！"

　　她晃动着马尾辫，笑得很灿烂，以防真有人在看她。

　　乔治半开玩笑地说："如果我们不是他们要的人，他们会放出机器人卫兵！"

　　安妮在前排座位颤抖了一下。当他们走近时，他们看到主体建筑在阳光下闪闪发光。这是一个非凡的景象，它看上去就像是由格子搭建起来的：中央圆顶上的百万花纹钢棒以几何形状排列着。建筑的两边大多是没有窗户的光秃秃的混凝土。周围见不到一个人影。埃里克以前的工作场所从来都不是这样的。他以前的工作场所是繁忙嘈杂，有点邋遢的，又充满生机和活力，还有学生们在公园

或花园里边吃三明治边看书，教授们在附近散步，沉迷于彼此间的对话。完全不像这个空洞的、毫无生气的新潮地儿。

汽车自动导航驶入拥挤的停车场，在一个停车位上停下，那个停车位的名牌上写着的"贝利斯教授"已被粗暴地刮掉了。

"我们到了。"安妮说，跳出车。她绕到 Ebot 的另一边，为乔治打开车门。乔治从机器人后面的座位上爬上来，安妮把他拉出车。路标指示着"宇航员，这边走"，他们跟随路标走到主楼的大门口。

乔治说："有点儿怪怪的。"他们站在它的阴影中，仰视着它在蓝天下的完美剪影。

安妮沉思道："它是很漂亮，但不是让你喜欢的那种。"

"我希望，埃里克读我们留给他的字条时，不会真的生气。"乔治说着，叹了口气，想着安妮写给埃里克，并留在厨房的桌子上的字条，他们解释说他们已经去了太空训练营，但他们会尝试在 Kosmodrome 2 打电话给他，让他知道情况怎样。

"好吧！咱们去找阿尔——"他开始说，但安妮打断了他。

她指着无人机，疯狂地说："嘘！不要说那个词。"

就这样，他们慢慢地列队通过主楼门口。他们踏出了第一步，他们希望去太空，去经历另一种冒险。

第七章

推开沉重的大门，安妮和乔治进入主楼，发现走廊上几乎空无一人。他们头上，数以千计的金属支柱支撑的屋顶高高拱起，上面覆盖了明亮的玻璃，细碎阳光透过玻璃落在光滑的地板上。要是别的日子，他们会停下来仰望这座宏伟的建筑。但今天，他们有工作要做。

一个大横幅挂在那边的桌子上，上面写着"欢迎航天员！你的旅程从这里开始！"桌子边，身着蓝色飞行服的一男一女看着像在收拾什么。Ebot 的阴影罩着他俩，安妮和乔治紧张地走向他们。

安妮说："你好，我们是来这儿报到的宇航员。""你们迟到了！"年轻女子说，但她微笑着看着他们，并未注意到 Ebot，"其他人都已经在这里了，介绍即将开始。"

她旁边的男人突然碰了碰她，她又看了一遍，突然吓了一跳。他们盯着 Ebot 时猛然一惊，还带着明显的恐惧。安妮和乔治环顾四周，看到对方的反应也怔住了。他们注意到 Ebot 唯一不寻常的只是他眼镜上似乎也有浅绿色的油漆。

"这不是……？"她低声对她的朋友。"我不知道！"他低声回答，"我从未见过他！""我只看过他一次，"女人说，"所以我不知

道，但看起来很像他。"

"姓名？"那人紧张地对两个朋友说。

"乔治·格林比！"

"安妮·贝利斯。"他们同时答道。当听到"贝利斯"一词时，他们都倒抽了一口气。

那个男子看了一眼他的平板电脑屏幕。"看起来人已经都到齐了！你确定被录取了吗？"他拿不准地说，再次怀疑地看了 Ebot 一眼。"当然，我们肯定是！"安妮说，她拿起她的电话，"你看，这里有我们的注册条形码！"

但当她和乔治交换眼神时，他们都知道对方感到不安的刺痛。当安妮报出"贝利斯"时，到底在 Kosmodrome 2 发生过什么会导致如此的反应？为什么这些看起来挺友好的人却显得如此地反对埃里克？当然，乔治和安妮已经知道埃里克在工作中经历的问题，就像他们知道在木卫二上有些可疑事情似的。现在他俩都暗叹一声，似乎这一切的背后藏着一些比他们想象中更险恶的事情。

乔治喉头一紧，但他合计着转身回去已为时太晚。更何况，他本来就没真正想回去，他要的就是这个培养宇航员的机会。他想帮助安妮振作起来，希望他们能解开阿尔忒弥斯之谜，找出埃里克到底在 Kosmodrome 2 发生了什么事。然而，突然间，这对于一个男生和他的朋友而言似乎又可怕了很多。

那个女子拿过手机，对着条形码扫描。"哦，是的，"她惊讶地说，"你是后来补进来的，这就是为什么你不在主名单上。""那太奇怪，"那个男人喃喃自语道，"她是贝利斯家的。他们为什么让贝利斯回到这里？在那之后——"

女人说："嘘！她在名单上，所以我们要让她签到！"

"我们需要一位家长授权。"现在说话的男人看起来很虚伪而且让人很不舒服了。

"我们有家长，就在这里！"安妮说，她有些底气不足，但决不表露出来，"他可以为我俩签字。"

"他代替我父母，有授权，"乔治试图解释，"我的爸爸妈妈，还有我的小妹妹朱诺和赫拉，已经去了一个假期农场，在一个岛上。

这就是为什么他们不能来这儿。但他们全部授权给……"

安妮踩了他一下。"别说话！"她嘘声道，"Eb——爸爸！"她唤她的机器人。"请为我们签到，"她补充说，试图以缓和的口吻，"你这个可爱的爸爸！"她知道自己听起来有多虚伪，但她还是觉得不得不说点什么。你给机器人的命令，和你跟你父母谈话是不太一样的。

机器人走上前，礼貌地笑了笑，将他的手对着屏幕，按过去，以电子方式输入埃里克的签名。"埃里克·W. 贝利斯"弯弯曲曲的书写闪现在屏幕上。

"我的上帝！"那个女人，既恐惧又尊重地说，"这是真的。"

"先生，"那男人小心翼翼地说，"谢谢你为这两个航天员签到。我现在就打电话给保安护送你离开。""不用，"安妮很快地说，"他知道回停车场的路。"

那两个 Kosmodrome 2 的工作人员诧异地看着，但 Ebot 已转过身，正在向门外走去。"爱你，嗯——！爸爸！"安妮对着离去的机器人喊道，她试图使它看起来更逼真。但 Ebot 离开了，没有回头看一眼。当他这样做时，两个闪闪发光的全尺寸的金属机器人出现在走廊的一侧。

"你们两个！"女人以不自然的高音说道，"这是你们的传呼机。他们会带你们进入更衣间，在那里你们将找到飞行服。把你们所有的个人物品留在储物柜里，包括电子产品，比如 iPad 或手机。那里相当安全。当你在 Kosmodrome 2 时，任何时候你都必须打开你的传呼机。它会告诉你该做什么，下一步去哪里。祝好运！"

跟随着传呼机红色的字母说明，安妮和乔治静静地离开。当他们离开时，他们听到那两个 Kosmodrome 2 的工作人员在交头接耳。"你看到了吗？他甚至没有跟那两个孩子说再见！他甚至没有回头！他们是对的——贝利斯教授根本不是真的人。"

乔治紧紧地挽住安妮的肘部，拉着她一起走，他知道她想回去纠正那两个登记的工作人员！"你不能告诉他们！"他说，"你什么都不能说！"

安妮回头看，但转过身，脸色一变。"我知道，"她喃喃地说，"但这不公平。"她看着一个无人驾驶飞机飘过去。"哦！"她叹了口气，挤出明亮但挺假的笑容，"太空训练营，我们来了！"

那一刻，他们的传呼机开始发出蜂鸣，提醒他们必须赶快：

"任务控制启动感应！"

"那边见！"安妮说着便匆匆走入女更衣室。

"太空见！"乔治以他们之间的传统方式道别。他最后看了一眼已经空了的走廊，走进更衣间，穿上飞行服。

第八章

　　第一次进入航天任务控制中心，安妮和乔治才对自己报名参与的这项任务的惊人规模有了真正的了解。他们是来当火星试验宇航员的！这意味着有一天他们可能真在一个飞船中，飞向那个红色星球！他们不仅仅是登上火星，只接触一下就离开。他们将为人类打造一个全新的居住地。他们正朝着人类从未涉足的前沿迈进。

　　他们俩刚刚缓过气来。这是因为此前他们沉溺于其他的秘密——阿尔忒弥斯的事，安妮的爸爸突然被奇怪地停止了科学家的工作，还有木卫二上的冰洞。他们几乎忘了自己可能正站在自人类登月以来，最伟大的太空之旅的边缘。

　　安妮和乔治不得不挤入任务控制中心，那里挤满了一排排的电脑，它们正在执行许多围绕地球或太阳系中其他行星轨道，或沿着预设轨道运行的太空任务。

为登上火星制作火箭

在我的成长过程中，我对数学和科学很感兴趣，但实际上我的真爱却是芭蕾舞。当我上高中时，我选了一门非常具有挑战性的数理课程。课业很重，使我几乎没有时间学习芭蕾。但我还是想要两者兼顾！熬过那艰难的一年后，我选了一门使我有灵活的时间学习芭蕾的课程。这是一个非常棒的决定，因为我能够继续跳舞，同时还能为大学期间的工程学习做准备。

现在，我在美国国家航空航天局工作，但我仍然在晚上和周末练习和演出芭蕾，因此我得以享受世界上最棒的两件事！

作为美国国家航空航天局的工程师，我帮助开发前往火星的太空发射系统（SLS）火箭。那是这一伟大工程的一部分，太令人兴奋了。

现在，NASA 正准备探测任务-1（EM-1），一个整体 SLS 火箭的飞行测试。这将是载人之前的这艘火箭的最后一次飞行测试。我的责任是确保火箭的体隔离器的设计适合于本次航天任务的负荷和条件。

在火箭里，体隔离器的某些部分用于存放净化气体。这些净化气体使内部敏感仪器得以保持在适宜的温度和湿度条件下。因为火箭使用低温燃料，低温燃料所在的地方很冷，但附近的仪器需要暖一些，才能正常工作，因此体隔离器很重要。

我所负责的体隔离器就是所谓的 MSA 隔膜。它的位置靠近火箭的顶部，略低于乘员舱，在火箭中，这个位置被称为多用途乘员阶段适配器，或简称为"MSA"。体隔离器位于该处是为了确保低于隔离器的环境能得到适当的净化气体的调节。

MSA 的隔膜需要承受升空的力量，所以它的强度需要很高。但它的重量又需

为登上火星制作火箭

要尽可能的轻，以减少将乘员舱送入太空所需的燃料量。

这是一个挑战，对不对？

以下是我们的应对之策。

MSA 隔膜是圆顶形，直径 5 米，它是用高强度和轻质材料制成的，那种材料被称为碳复合材料。

碳复合材料是用环氧树脂胶与层叠的碳纤维织物片制成的。就 MSA 隔膜圆顶而言，多层的碳纤维织物被放置在一个大碗形状的模具内。每层织物以不同的角度放置，以便最后产品具有准各向同性的性质。这意味着，无论在哪个方向，圆顶将具有相同强度。这非常重要。如果每一层织物只以一个角度放置，最终将会使圆顶某个方向比较强，而其他任何方向都相对较弱。

当每一层 MSA 隔膜被放置在模具中后，整个模具被放入一个巨大的烘箱定型固化和硬化。一旦在 MSA 隔膜硬化，它就从模具中被撬出，再车出连接到 MSA 上的螺栓孔。

这种利用分层织物创造出结实而又轻巧结构的方法也用于鞋子的制作当中，这类鞋子使我能够踮起脚尖跳芭蕾！鞋子在设计时使用了坚固又轻便的材料制成鞋头，鞋头包裹着脚趾提供支持力，使我脚尖保持平衡，旋转甚至跳跃。那个鞋头就是以层叠织物和胶水制成的，颇像 MSA 隔膜的圆顶。

并非每个看到火箭这部分的人都能想到芭蕾舞鞋，但我的生活经历给了我看世界的独特视角。追寻你生命中的激情所在，你也将以自己独特的视角来审视这个世界。

在美国国家航空航天局，我们的目标是打造一个拥有独到见解成员的团队，使我们可以从多角度看问题。这种多样性有助于我们克服建造火箭中的许多挑战，火箭将一路飞往火星。

阿廖申

在过去，太空任务是从地球各地发射运行的，但随着越来越多的宇宙飞船和机器人航天器的发射，追踪监控变得异常复杂。Kosmodrome 2 的一个作用就是监视在太空中飞着的一切——从卫星到飞船，到深空探测器。现在人类和机器人在太空中的活动已集中在这个巨型的宇宙企业中。

任务控制中心的墙壁覆盖着屏幕，上面显示着太阳系中正在运行的不同任务和行程。一些屏幕显示着探测漫游器从行星、卫星和彗星表面发回的图片。其他的屏幕滚动着从太空传来的，仍然需要被过滤才能识别信息的原始数据流。

在一对屏幕上，安妮和乔治可以看到不同的机器人穿越太阳系旅行时不同任务的路径。在另一个屏幕上，他们可以随显示器跟随国际空间站来跟踪夜幕降临地球的循环模式。他们甚至可以点击那个来自月球或火星的机器人探测的中继图像。这真是令人难以置信的景象。从这个房间，他们似乎可以在太空的任何地方旅行！只有一个屏幕，在乔治右手边的底部，是完全空白的。其他所有的屏幕都显示了人类和机器人穿越我们宇宙邻居进展丰富的信息。

乔治说："这真难以置信！"自从进入 Kosmodrome 2 以来，他第一次感到愉快。他很高兴来到这里。环顾四周，他看不见任何险恶，没有维护安全的机器人，也没有无人驾驶飞机。相反，只是很多真实的、平凡的人在激动地七嘴八舌地聊天。

在他们后面，好多 Kosmodrome 2 的工作人员站在一个夹层阳台上，有些人甚至倚在护栏边，向新来的人挥手。每一个角落都挤满了人。着亮蓝色飞行服的 Kosmodrome 2 工作人员，挤满了圆形的房间。除了他们，还有一群人，他们的休闲服装很容易辨认出是外人。在他们旁边，那群更年轻的、也身着蓝色飞行服的人紧张地移动着。

安妮和乔治都具有对人友好的天性，他们微笑地看着另外两个新人。

"你好！"乔治对一个和他年龄相仿正走过去的男孩说。男孩显得很吃惊，匆匆离去。安妮试图和一个年龄比较大的漂亮姑娘讲话，但她越过安妮的头向前看着，继续向前走。

安妮小声对乔治说："他们不是很友好！我们真要和这些人一起卡在一个锡罐里长达九个月吗！看！其他人都可以把父母带到任务控制中心，并未通知他们离开！"

尽管一切如此，乔治却暗暗地为自己的父母不在场而松了口气。在这种环境下，他的小妹妹绝对会闹得不可开交。当他仰望屏幕，看他们控制火星探测漫游器时，如果他的父亲对 Kosmodrome 2 的工作人员大谈太空旅行是否环保，他绝不会感到奇怪。

在拥挤的任务控制中心的另一边，两名家长正大声地询问 Kosmodrome 2 的工作人员。"她参加这个项目会得到额外的学分吗？"一个嘴唇肿胀，板着面孔的母亲厉声问道，而那个父亲则东张西望，没了手机不知如何是好，"至关重要的是，我们可以将它写进她的简历。"

乔治看过去，那个女人从各个角度看上去，除了她肿胀的嘴唇之外，都与自己的妈妈相反，他的妈妈圆脸，温和，面带微笑。

他小声对安妮说："简历？什么是简历？"

她说："那个东西就是，你写下来你所做过的一切。"

那对爱出风头的父母还在继续与工作人员侃侃而谈：

"她之前还在音乐学院受过音乐训练，在马林斯基学过芭蕾舞课，获得了完美的分数，她在周末志愿帮助弱势群体，她学了高等数学，她参加过青少年奥运会的八人赛艇比赛并获得名次。"

乔治听得目瞪口呆。"哇！"他对安妮说，"我还以为你已经非常成功了。"听着这一切，他心里发冷。它们中没有一个听起来很快

乐或好玩儿，那些成就奖肯定不是某人出于热爱那些活动而非做不可的。听起来它们好像是被精心放在一起，并咬牙完成的。

"哦，还有，"那位妈妈又补充道，"她的每周烹饪专栏登上了香格里拉博讷布谢少年版。"

尽管一切都那么辉煌，但看上去女儿对周围的一切反应非常平淡，非常镇定而且非常安静——完全无动于衷，几乎到了呆滞的地步。在外人看来，好像她根本就心不在焉。

　　此时，所有墙壁上的屏幕都呈现出一片空白。房间里暗了下去，仿佛一场演出即将开始。即使吵闹的父母也安静下来，不再叽叽咕咕。屏幕再次苏醒，所有的屏幕都展现出相同的空间全景图。每个屏幕上都展示着一个令人难以置信的美丽的恒星育儿室，那是一颗新恒星诞生的地方。

　　安妮小声地对乔治说："这就像 Cosmos 的窗口！以前爸爸用 Cosmos 给你看一颗星如何在太空中诞生。"

　　乔治说："这可能是太空望远镜拍的图片。"

　　"但它在动！"安妮说。

　　她是对的。大片的气体尘埃云并非像图片里那样静止不动，相反，它们是运动着的，在重力的作用下坍缩成球，球心非常热以至于氢和氦相互融合，创造出一颗新的恒星。房间里的所有人都被眼前这壮观的场面所吸引。那颗星球极为耀眼，散发出不可想象的光和热。星球燃烧时，它肚子里的熔炉制造出一些化学元素。

什么是化学元素，它们从何而来？

非常简单，化学元素是由单一类型原子组成的纯物质。这有什么有趣的？嗯，现在已知的只有 118 个元素，世界上所有的东西都是由一个或多个这些元素组合而成。化学就是研究这些元素如何合成的科学。

如果一切都是由这些元素组成的，那么它们从何而来？最小的两个元素，氢和氦，在大爆炸宇宙初始时形成，在那之后的某个时候，它们以极大数量结合在一起形成恒星。就恒星而言，像太阳，氢以极高的温度燃烧，这一过程被称为聚变，产生了氦。随着恒星年龄增加，氦大量积聚而氢耗尽，恒星开始以氦为燃料，从而产生了更大的元素，比如碳、氮和氧元素。由于这些元素是人类生活的基本元素，你可以说，我们正是恒星做成的！

根据恒星的大小和热度，在许多不同的聚变过程中形成越来越大的元素直到有了铁元素。在此之后，形成元素的主要方式之一是恒星爆炸，我们称之为超新星。超新星释放出产生重元素所需的巨大能量。

所有这些过程产生了 94 个元素，它们都在地球上自然发生。其他的 24 个元素，被称为"超铀"，因为它们比铀更重，它们是在类似核反应堆或粒子加速器专用设备中由人类造出来的。这些元素都不是很稳定，它们会散开形成更小的但更稳定的元素，这个过程被称为裂变。以这种方式裂变的元素具有放射性。放射性化合物裂变时也释放出能量，可用于发电，这就是核电站。

周期表

乍一看，周期表就像一个所有已知元素的简单列表，但其实它有更多的作用。这个表告诉你它们多重，一个元素有多少质子和电子，它们又是如何排列的。正是电子的排列决定了元素如何反应。

因为元素的性能周期性的重复，因此它被称为周期表。例如，一组中的所有元素（向下列）有相同的电子排列方式，并有类似的反应方式。这种重复的模式之所以发生是因为电子按能级排列，而且每个能级只能包含固定的电子数。

什么是化学元素，它们从何而来？

　　该表是由门捷列夫于 1869 年发明，并随着时间的推移，更多的元素被发现而扩展。门捷列夫是一名化学教授，他一直在思考若干元素类似的行为方式，以及如何最好地展示这些信息。他花了很长时间思考这个问题，答案终于在梦中显现。

　　最令人印象深刻的是，在周期表中，他为那些还未被发现但应该存在的元素留下空格！

　　当你有了一个新的科学理论，最重要的事就是做出预测，并用试验验证你的理论是否正确。门捷列夫正是这样做的。在他的表中，在硅元素的下方有个空格，他预测出这个缺席的元素的性能。他称之为准硅。但直到 1886 年，该元素才被发现，被称为锗，锗的性能几乎完全与门捷列夫预测的准硅一样！

托比

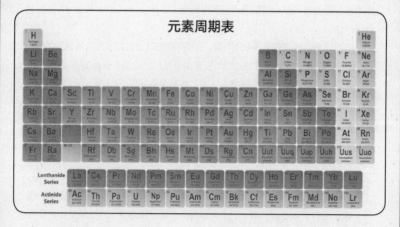

元素周期表

当这颗星不能再燃烧了，它爆炸了，在巨大的超新星爆炸中，它的外核爆发出很热的气体尘埃云穿越空间。在云的内部是创造恒星的元素。在巨大的爆炸中心，这个巨大恒星的内核依然存在，它向自身塌陷到引力最强烈的空间中的一点，那里引力强烈到乃至任何东西都无法逃逸，甚至光都不能。大质量恒星的死亡已经形成一个黑洞。

然而，从这个黑洞中，有什么东西正在出现……聚在一起的观众惊讶地看到从黑洞喷出的粒子开始自我组装，很快就做成了一个人形，并开始主宰画面。这个人形越来越清晰，直到充满了整个画面。

声音也接踵而来。"你好，同路人！"一个低而柔和的声音。

当整个房间似乎意识到这个新的存在时，安妮和乔治清楚地听到了倒吸气的声音。那个声音是如此悦耳动听，如此具有吸引力，乃至乔治立即觉得他愿为那个声音做任何它所要求的事儿。

"欢迎您！"那个声音继续着。现在他们可以清楚地看到屏幕上的脸了。他们知道，这一定是瑞卡·杜尔，因为他们在互联网上看到过她的照片，但照片并未真正展示出瑞卡的魅力。安妮和乔治完全没想到，他们被屏幕上的形象深深吸引了。

"宇宙探寻者，"这个形象仍在继续说着，"欢迎来到 Kosmodrome 2！我的名字是瑞卡·杜尔，我是 Kosmodrome 2 的负责人。"

即便是安妮也不禁对这个开场白点头称是，要知道瑞卡可是替代了她爸的位置呀。

屏幕上虚拟的瑞卡继续说道："Kosmodrome 2 是世界上最大的两个太空探索目标的家。首先，将把人类这种形式的生命送到太阳系乃至太阳系之外。其次，在太空发现外星生命形式并把它们带回地球来进行科学研究。这是有史以来最大的两个项目。而你们——这些候选人——要发挥自己的作用！祝贺你们已经走到这一步。你们已经迈出了进入太空的第一步。你们已经击败成千上万的申请人，加入了为年轻宇航员开设的火星任务培训计划。"

当房间里欢呼声四起时，乔治低声对安妮说："她令我吃惊，我以为她挺可怕的，但她还真的挺棒的。"

"你们是最优秀的人选。这是第一阶段，我们将培养你们在太空中生存的必需技能。在第二阶段，我们将进行筛选。谁是星尘，谁是核废料？谁将会被发现，比如希格斯玻色子，又是谁会被淘汰，就像宇宙的稳恒态理论？"

安妮心里很矛盾。她想恨瑞卡，因为她占据了本应是她爸的位置，但她也认为瑞卡真酷，想听到她更多的话。

"谁将生存……谁将被淘汰？"

"我！"很多学员举起了手，"我要生存！我想成为一名宇航员！我想住在火星上！"

　　"不是你们所有的人都可以进入太空，"瑞卡继续着，现在她硕大的脸已经充满了所有的屏幕，她脸色现出融化人心的真诚和同情，"你们中的一些人会在这个过程中脱颖而出，但恐怕大多数人将随着进程而被淘汰。"她笑了。"从这一刻起，"她继续愉快地说，"你们将进入任务的训练期间，学习在太空中生活，在火星上执行任务。培训期结束时，你将与其他候选人配对，你们俩一起参加一系列的挑战。你们俩必须一起通过挑战。如果我们送你们进入太空，我们必须能够完全依靠你们做正确的事，不仅只依靠你一个人，也依靠你的同伴和太空殖民据点本身。你将会是住在地外星球的第一人！你将会开拓一个远离地球的文明！未来，你的后代也许将繁衍几千年。你能感觉那个红色星球正在你的太空靴下嘎嘎作响吗？你能极目远眺，看到阳光透过粉红色的天空在空荡荡的火星地平线下沉吗？随着培训的进行，实力较弱的候选人将被淘汰，只有强者才能生存！祝你们好运，Kosmodrome 2 的新人们，"瑞卡异常兴奋地说道，"愿最佳人选胜出！"

第九章

第十章

　　周末，瑞卡在任务控制中心亲自迎接他们！眼下已然熟悉的机器人围成一个半圆形，她站在教室前面，瘦小的身体裹着一套蓝色制服，任务控制中心巨型屏幕形成了一个完美的背景，衬托出她自信、泰然自若的站姿。她仍然彰显出相同的魅力，和他们之前在屏幕上所见如出一辙。其他学员推搡着尽可能地靠近她，似乎她是一个流行歌星，而他们是她的粉丝！

　　当整个房间的崇拜热情稍微消退时，瑞卡微笑着说："欢迎回来！我希望你们享受与我们度过的时光。对你们中的一些人来说，

旅程即将开始。而另一些人，现在是离开的时候了。"她的声音听起来很伤感，仿佛她真为未能晋级的学员而悲伤。

但 Kosmodrome 2 的工作人员已经在拍学员的肩膀，示意他们跟随。最初，那些被选出来的人跟着那特定的工作人员快步走出时，还自信地咧嘴一笑，他们以为这意味着可以进行下一阶段的培训了。

然后瑞卡又开口了："只有十二个女生和十二个男生将进入培训的挑战阶段。如果优秀的 Kosmodrome 2 工作人员现在走近你那就意味着，很遗憾你该离开了。你即将离开，但你要明白：你被选中来参加这个非凡的培训，你已经为人类迈向太阳系的过程贡献了自己的力量。"

新人们开始紧张地扫视四周，抱着一线希望，但愿自己不会被轻拍肩膀，不会离开。安妮和乔治面面相觑，不知道会发生什么。乔治貌似觉得有一只手在轻拍他的肩膀！但它没有来，很快，任务控制中心只剩下小部分学员了，显得愈加空荡荡的。

"现在将为下一阶段的挑战培训进行宇航员配对！"瑞卡低声道，"我们已经完成了配对，现在公布名单。我再重申一遍，这对于你们通过下一阶段非常重要。截至目前，你们已经通过了单独训练和测评，但当你到了火星，你需要与你的宇航员同伴密切合作以便在红色星球上发现人类的新殖民地。请记住，你不只是参观火星！你不是旅游者！你会生活在那里，并创建一个新的人类居住地，即太阳系中第一个地球之外的文明！我们必须知道你有能力成为团队的一分子才选择你。"

安妮和乔治期望他们能成为一对，因此他们只是完全放松地站

在那里。其他所有的学员都互相盯着看，但安妮和乔治不需要。他们一起来，因此总在一起。迄今为止，在所有的训练中，他们都在一起。他们在危机中相互信任，他们会一直在任意一个非凡宇宙旅程中在一起，因此从未想过他们俩在竞争宇航员竞赛中会分开。这也意味着当他们最后发现他俩不在一组时非常震惊。

先听到安妮的名字，乔治以为他的名字随后会被念到。但不是！而是"利奥尼亚·德沃瑞斯"成为安妮的合作伙伴。

"哦，不不不不，"安妮低声说，"我已经见识过她了！"

原来利奥尼亚·德沃瑞斯就是那个面无表情的女孩，她那爱出风头的母亲在注册那天闹了那么一出。她朝安妮这边看了看，除了隐约的冷笑，表情没有任何变化。

宣读了越来越多人的名字，配对的年轻宇航员们面对着大屏幕，在控制中心的计算机旁站成一排。乔治和他的新搭档站到自己的位置上，新搭档是个名为伊戈尔的俄罗斯男孩，个头很小，非常腼腆。

"现在，宇航员们。"瑞卡以迷人的腔调吸引听众的注意力。

安妮看着她，突然有种极奇怪的感觉。乔治离得太远了，不便问。但突然安妮明白了，他们曾在某处以某种方式见过瑞卡。她无法确定何时何地，但她可以肯定他们以前遇到过这个人。并且那不是在 Kosmodrome 2，她的名字也不是瑞卡·杜尔。

安妮的思绪被打断了。"现在挑战即将开始！"瑞卡喊道。

她身后那曾经充满了奇异的宇宙图像的屏幕，突然变成红、橙、黄色相间的画面，并开始发出飞船发射前几秒震耳欲聋的噪声。与此同时，所有年轻宇航员的传呼机开始疯狂地发出蜂鸣声。安妮把传呼机倒过来，这样她才能读滚动的文字。

但令她吃惊的是，她还没来得及咀嚼这些文字，她的手腕就已被抓住了，利奥尼亚用细长冰冷的手指钳住了她。利奥尼亚在前面优雅地极速前进，她被迫极速向前，四肢像刀片一样迅速剪切。不知怎的，利奥尼亚似乎知道她们要去的确切位置。她拖着安妮跑过走廊，上楼梯，穿过建筑物之间空荡的前院，偶尔停下来查一下她的传呼机，以确保她们走在正确的方向上。

最后，他们来到在 Kosmodrome 2 建筑群最边远的一座独立大楼，她们似乎已经跑了好几英里，安妮气喘吁吁觉得口渴，但利奥尼亚甚至连一滴汗都没出。她那大理石般苍白的脸依然毫无表情，安详如初，当她踹开一个很大的双层门，将安妮推进去时，她被睫毛遮住的深邃的双眼未曾流露出任何情感或兴奋。当利奥尼亚不停地冲锋陷阵时，安妮闻到淡淡的氯气味儿。

乔治和伊戈尔远远地落在后面，他们仍然在任务控制中心主入口处晃呢。

"我们走吧！"乔治说，他指着其他新人正急忙向一座巨大的建筑物奔去。

"在我看来，他们的假设不完全正确。"伊戈尔烦躁地说。

"你的意思是说他们走错路了？"乔治问。

"大（俄语的'是'），"伊戈尔点头道，他指着不同的方向，他们仅能从很远的地方分辨出两个微小的人形，正以争夺冠军的速度跑着，"我们需要跟着他们。"

乔治还是有点怀疑伊戈尔的观点，他像尤达那样说话呢，是从俄语译过来的句子，总之听起来怪怪的。但他没时间多问了。当他

凝视着伊戈尔指引的方向，乔治捕捉到阳光下闪烁的一束金色马尾辫，他意识到远处的两个人中的一个可能是安妮。如果那是她，他准备随她而去。

他说："是的，发现得好。让我们跟着他们去吧！"他狂奔而去，但随后转过身，他看到伊戈尔缓慢地前进着，头耷拉得像头小毛驴。"你能不能快点儿？"他问他。

小男孩显出一副痛苦的样子。"不能，"他摇摇头说，"我是数学家，不是运动员。"他叹了口气，"我这周已经做了好多体力活儿了，我累了。"

乔治叹了口气："OK，背猪吧，那样会快点儿。"

伊戈尔怀疑地问："什么，背猪？"

乔治说："跳上来，我背你。"

尽管伊戈尔看起来很小，但却也挺重，但乔治还是把他掮到背上，开始跟着（可能是也可能不是）安妮和她的伙伴跑去。他听到园区另一头其他候选人意识到走错路的喊叫。一队人呈圆形转了过来，奔回乔治和伊戈尔正气喘吁吁地跑去的方向。

"我们在哪儿？"安妮问。她意识到还未听过利奥尼亚说话。但利奥尼亚安静地站着。她也没必要多说，因为答案就在面前。她们来到一个巨大的海绵状的高拱形天花板的房间里，液体图案在梁柱上的光影中移动。

安妮气喘吁吁。这里有些完全不同，并非是房间的规模，也不是天花板上不断改变的光线。她本打算看到地板，但看到的却是一片波光粼粼、辽阔的蓝色，一个巨大的绿松石色的矩形水池。

几个高挑的银机器人一动不动地站在游泳池周围，与安妮和乔治见过的，等待护送 Ebot 离开的机器人是同一类型。

安妮喊道："游泳池？"利奥尼亚无动于衷地看着她，扬起一弯优雅的眉毛问道："难道你对此毫无准备？"

诚实的回答是"没有"，但安妮认为当下不宜这么回答。

利奥尼亚继续说："中性浮力，来吧，我们第一个到。我们需要找到潜水服并放上配重。告诉我，你至少会潜水！"

安妮有点怒意地说："是的，我可以，真的，谢谢。"她在学校游泳俱乐部上过潜水课。

利奥尼亚说："好，那你将会知道是怎么回事了。"

安妮有点慌神地说："我会吗？"她不觉得自己完全跟上了。

利奥尼亚举起一个手指，平静地说："嘘！听！"她们从远处听到一个声音。

什么是中性浮力？

　　有没有想过，为什么宇航员很知名的一句话是："休斯敦，我们遇到麻烦了？"这是因为美国国家航空航天局（NASA）太空任务控制位于美国得克萨斯州的休斯敦。地球上与太空中的宇航员交谈的人都在得克萨斯州休斯敦的约翰逊航天中心。美国宇航员的大部分训练设施也在附近。为了方便他们的工作（地球上的），很多宇航员和他们的家属也生活在那个地区，约翰逊航天中心附近学校学生的父母都在太空也并不奇怪！

　　中性浮力实验室（或称 NBL）靠近约翰逊航天中心，宇航员在此为太空中的工作接受培训。从外面看，NBL 像一个巨大的仓库，但里面是一个巨大的闪闪发光的蓝色游泳池。在训练中，宇航员需要准备在沉入池中的飞船的实体模型上工作。他们可能会修补飞船或增建国际空间站部分结构，这取决于特定宇航员进入太空后的具体工作。

　　宇航员在水中练习是因为它可模拟太空微重力的工作环境。NBL 帮助训练宇航员做舱外活动（EVA）或太空行走。太空行走时，穿宇航服的宇航员将在航天器外活动。为确保飞船安全，宇航员需在数小时内完成一项重要工作。

　　穿着经过特殊改装的潜水服，宇航员被平台上的起重器下吊到游泳池。一旦他们入水，潜水员就帮助他们走动。它不完全像在太空，水与空间站也不同。但还是——熟能生巧！

　　在执行太空任务中，一定要有百分之百的把握。

"那是什么？"安妮问，她的手腕还被利奥尼亚无情地抓着。

"其他人，"利奥尼亚说，"我们比他们先开始。来之前，我研究过 Kosmodrome 2 的地图，因此我知道穿越整个园区的最快路径，但他们也不会太远。"

安妮说："你怎么做到的？甚至无法在谷歌地球上看到 Kosmodrome 2！那不是机密信息吗？"

利奥尼亚平静地说："那个，总有办法呗。"

她带头进入更衣室，几套配重的潜水服已经摊在那儿了。安妮没去数，但她可以肯定，更衣室的潜水服少于 24 套。

利奥尼亚说："快穿上。"她抖落了外衣，露出从头到脚覆盖全身的银色紧身衣。很快，她扭动到一件潜水服中，安妮仍在试图脱掉飞行服。几分钟后，利奥尼亚已经换好了，她抓住安妮，毫不客气地把她塞进潜水服中，再把空气罐撂在她背上。她推上安妮的面罩，示意她把头扎到池中。潜水服配备了相当的重量，以便她们在水下将有在太空行走类似的移动感觉，在地球的重力下，这身衣服相当重。

安妮拿下面罩说："现在干什么？"她不习惯要别人来告诉自己要做什么。她一向是领头的而非跟随的，这对她来说是非常新鲜的体验。

利奥尼亚查了她的传呼机，她已把传呼机放在湿了的潜水衣里了。

她说："泳池里有个像去火星航天器的实体模型。今天我们的任务是潜入池中，在池中，我们必须尝试和修复一个因陨石冲击而凹进去的太阳能电池板，看！"她让安妮看传呼机上的小图："这并不难，

我们只要潜到那里，把太阳能电池板理顺就好了，你准备好了吗？"

安妮点点头，调整好面罩，把空气管含进嘴里，查验一下能否从空气罐中呼吸。

利奥尼亚戴上面罩，然后举起湿潜水服中的一只手，用一个手指开始计数——三，二，一！当她数到"一"时，两个女孩跃入池中。当她们从绿松石般的水上飞过时，刚好看到大门开了，另一对有希望的宇航培训生正冲进来。

尽管乔治一路都背着他的同伴伊戈尔，但他们仍然是第二对到达的。其他人不是糊涂了就是走丢了，他们花了更长的时间才明白该去的地方。跑进更衣室，在一条长凳下，乔治看到安妮的荧光球鞋。他如释重负地松了口气。那么在远处他看到的一定就是她了！很快，他找到一个小号潜水衣，把它扔给伊戈尔。

他说："把这穿上！我们要入池！"他想了一下，问："你会游泳吧？"他很快穿上衣服，并连接呼吸装置——当你习惯了穿带氧气罐的宇航服，这并不难弄。

"当然。"伊戈尔说，乔治松了口气。在地面上背伊戈尔是一回事，但在水下呢？然而，伊戈尔依然在对付他的潜水衣，于是乔治接过手，他对伊戈尔的样子，仿佛是他的小妹把校服弄得乱七八糟似的。现在其他学员涌入更衣室，乔治将伊戈尔拖向泳池，检查了

他的潜水装备，给了他一个"OK"的示意，就推他入池。

两个女孩已经沉到池底，她们纠正了姿势，相互查验，并查验了自己的设备。她们给对方"OK"的信号，就开始向一个巨大的管状结构物游去。在泳池底部，它看起来像一艘真正的太空飞船！

利奥尼亚快速地游着，自信地游向水下空间飞行器的一侧。看着利奥尼亚麻利的动作，果断地转弯，水中旋转，安妮觉得自己也非常像在"游"。安妮毫无生气地尾随她身后的气泡流游着，游向太阳能电池板——平时放在人家房顶上的太阳能电池板的太空版，泳池里的太阳能电池板以一种非常奇怪的角度弯曲着。她猜想那是故

意为之，想看看哪个试用
宇航员能率先将它弄直。

　　她朝它游去，当她感
觉到有什么东西——或
者说什么人——抓住她
的脚踝，拉住她使劲地向
后拖时，她正想着如果每
一个任务都如此简单，她
和利奥尼亚注定要得最
高分。她环顾四周，看到
右侧，她的身后有个成人

身材的人穿着潜水服正毫不动摇地要把她拉出来。

　　起初，安妮以为是同伴在向下拉自己，但更远地看出去，她惊
恐地看到飞船弯曲沉船的另一侧，利奥尼亚也被另一游泳的人抓住
了，她正在挣扎着试图摆脱。这些潜水员显然是成年人，他们肯定
是 Kosmodrome 2 的员工，一直在泳池里等待学员的到来，试试
能否毁了她俩率先到达太阳能电池板的机会！这似乎不公平，安妮
一边摆脱着那个人，一边气愤地想着。在真正的太空行走中，当她
们试图修理飞船时，不会遇到外星人试图把她们拖到飞船外面！她
觉得被出卖了，她曾想象挑战可能是模拟实际经历！这不对头。

　　在利奥尼亚上方，伊戈尔非常靠近水面，正面临着下沉的问题。
他的浮力似乎完全不中性！他被卡住了，左右拍打着，爆出很多气
泡。乔治不得不浪费宝贵的时间努力试着帮他的训练搭档沉到池
底。他知道这不是伊戈尔的错，但同时，他也不禁为被分配了这么

一个不中用的合作伙伴而感到很不公平。当他最终设法拖下伊戈尔时，他不太开心，呼吸也变成了无数气泡。

在太阳能电池板旁，安妮仍在挣扎。那个潜水员抓住她的脚踝，拉着她左右摇摆，拖她离开飞船，在泳池中将她抛过去，她四肢混乱地舞动着。安妮恢复了常态，再次向前。她非常愤怒，现在她毫不犹豫地抓住那个潜水员的腰，大力向前，她像炮似的冲向前面的那个潜水员，将他（或她）掼向飞船的一侧。

在另一边，利奥尼亚正用戴着脚蹼的双脚结实地踢着那个攻击者的肚子，踢得那不幸的潜水员螺旋般地向后转，直至转到很远的池边。她向前游，但这时又来了一个潜水员，一心想把她拖出去。在飞船下面，安妮设法猛推那个与她角斗的潜水员，用脚踩那人的

头顶，尽力地踩，直到他们沉入池底。从对手那里解脱出来后，安妮向上游着，再次游向损坏的太阳能电池板。这时，她看到一群潜水员正在她的上方扎入泳池，直到池水因游泳者而充满了活力，他们都急切地向下朝着飞船游去。安妮知道，如果她或利奥尼亚不能在未来的几秒里到达太阳能电池板那儿，她们就没有机会了。现在水里充满了密集的气泡，她几乎看不到向哪里游。

此刻，利奥尼亚已经摆脱了那个一直争斗的潜水员。她和安妮一起潜入水中，从飞船的两侧，游向太阳能电池板，她们都想把它弄直，并赢得第一项挑战。起初，安妮猜利奥尼亚是否会把她推出去，自己得第一。但她们一起升上去，优雅得似乎是在同步地表演水下芭蕾，利奥尼亚示意安妮把电池板拉回原位。安妮抓起太阳能电池板的支撑物（它是飞船一个重要的部件，负责提供船内生活的能量），重新以合适的角度将它插进航天器的凹槽内。

安妮完成这个动作后，她感到而非看到游泳池上方有红光闪烁。她向上游，与利奥尼亚一起游出水面，现在满池都是潜水员了。

她们游到一边，跳出泳池，安妮脱下面罩，弯曲空间闪烁着耀眼的红光，此刻再次响起了他们开始首项挑战时同样的警报声。

安妮看着周围，谁会是乔治呢。她真想和他谈谈对瑞卡的疑虑。她想再次从认识的人那里得到确认，对她而言，第一项挑战是一个可怕的打击。直至半小时前，太空训练营都一直很酷，但它现在已经完全变了，变得非常不同，安妮不能肯定是否还喜欢它。

其他的潜水员浮出水面，他们的身体语言已经表达了对这么快就失败的失望。穿着潜水服的学员沮丧地爬出泳池，脱掉潜水设备，抱怨着竞赛一点都不公平。

两个孩子还未进入泳池，他们已经到得太晚，已经没有潜水服了。这些孩子已经被告知离开，任何还未穿上潜水服的都立即被取消资格。"回去，" Kosmodrome 2 的员工告诉他们，"在接待中心等候。"他们会得到一个证书，上面有自己在 Kosmodrome 2 的照片，但他们绝对去不了火星了。一个非常小的男孩听到这消息哭了出来。

　　给安妮的第二个打击是其他孩子的反应。她此前料想他们会鼓掌或勉强一笑，承认她和利奥尼亚赢得当之无愧，但他们的反应却完全相反：其他学员讥讽地看了安妮和利奥尼亚一眼！

　　安妮努力微笑着回应他们，但他们却对她翻白眼，或相互低声说。"绷住，别理她，"安妮对自己说，"你经历过这类事！上次你挺过来了。不要让这事影响你。"她仰起头决定不理睬那些人。但这并不意味着她很享受，或者说她希望这类事继续下去。

　　利奥尼亚看起来毫不沮丧 —— 她那猫一样的眼睛在红光的反射下熠熠生辉，一副不食人间烟火的样子。她伸出手与安妮击掌。

　　她低声说："干得好，伙伴，现在只剩我们 22 个了。"

第十一章

第二天晚上，安妮坐在 Kosmodrome 2 的睡舱里，等利奥尼亚睡着，她可以溜出去与乔治见面。一边等待，她一边回想在太空训练营的日子。起初她知道她和乔治来这儿，一方面是因为他们想来，另一方面是因为他们认为自己必须来。他们追踪的几个秘密都指向这个地方。

然而几天后，当他们在一起学习太空旅行和火星的相关知识时，空间阵营才开始变得真正有意思起来。因为很多孩子来自很远的地方，有的甚至来自其他国家，所以该培训项目是寄宿的。第一周女孩住一间大宿舍，男生住另一间。宿舍里一直充满了笑声。即使可能成为宇航员的学员们也知道不是所有的人都能上火星，但气氛一直积极、欢乐。在任务控制中心的介绍准备会上，那些原本态度不太友好的人也与大家融为一体了！虽然准备成为宇航员这段日子里的每一天都很漫长，每个人都很累，累得想立刻睡觉，但晚上他们还是会聊天表达友情。

学员们已收到家人和朋友发来的支持信息——不是直接收到的，因为他们不允许有自己的手机或平板电脑。但每天早上和傍晚，他们收到的信息会打印在一张长条纸上，由 Kosmodrome 2 的工作人员传递到收信人手中。安妮从未收到埃里克的信，她和乔治怀疑 Kosmodrome 2 的工作人员封锁他的消息，她收到几封妈妈的信，在信中，她很高兴地介绍在世界某个遥远地方的音乐会。即使是乔治，他也收到了父母不断更新的消息，告诉他他们忙于翻土耕作，收获和生活，但他们想念他。一天晚上，安妮收到了一条信息，是很隐晦的句子，一定是来自 Ebot。她开始尝试解读和弄清它是否有什么意义。但那会儿正值异常辛苦的体能训练结束之时，在她对那个信息传递的意思有所洞见之前，她就穿着太空睡衣攥着纸条睡着了。次日清晨她醒来，那张纸已在她手里揉成一团，她把它塞进飞行服的口袋里，想着以后再解读，而后却全然忘记了。

后来，正当安妮认为她和乔治一定是弄错了，Kosmodrome 2 没有什么怪异的，与她父亲的突然离开也没什么实际的神秘联系，突然一切又开始变得怪异了。

就在他们开始挑战项目的过程中，他们被拆开了，并且被转到更小的宿舍去住。中性浮力挑战后，安妮曾沮丧地发现她无法回到原来的大宿舍，她与利奥尼亚住的地方是白色的小圆形房间，里面除了两个吊床，没别的东西了。但当她和利奥尼亚赢了第一项挑战后，其他孩子令人惊讶的敌对反应，又使得安妮为不回大宿舍而感到高兴。相反，她相当放心与一个人——利奥尼亚分享宿舍，而她也不会以共同的胜利对她持有敌意。

为什么在不同的世界中，我们的重量不同？

> · 你的体重是你和地球之间的引力的大小。
> · 你的质量是你包含的物质，或者东西的量。

质量是以千克测量。但体重不是也以千克测量吗？这是不是混淆了？并不是。

地球上的重量通常以千克来描述，但它确实应该以牛顿（N）给出。一个牛顿是一个力的单位。

地球上1千克质量大约是10N。

当你在太阳系中旅行，你的质量不会改变，但你的体重会变。当你降落在比地球引力弱的行星或月球上，你的体重会变化，虽然你的质量保持不变。这有什么现实意义吗？

如果你的体重在地球上是 34 千克，
以下是你在太阳系中其他星球上的重量！

水星 12.8 千克
金星 30.6 千克
月球 5.6 千克
火星 12.8 千克
木星 80.3 千克
土星 36.1 千克
天王星 30.2 千克
海王星 38.2 千克

因此，在月球或水星上，你能轻松跳过去很高的杆，但在木星上，你想迈过搁在地上的杆子都很难！

现在，她在宿舍中等着偷偷溜出去，找到好朋友乔治，看他是否也有同样的想法。他们是对的。Kosmodrome 2 确实有特别之处，安妮不能确定那是什么，就像她自己也说不清楚为什么看到瑞卡·杜尔时，她有一种奇怪的感觉。但从过去的经验中她知道，如果感觉和直觉告诉她，那个东西不对头，那么它很可能就是不对头。

她想这真是漫长的一天，在吃了复水肉酱意大利面、一个脱水的冰淇淋饼和干苹果圈之后，她的胃叽里咕噜地响着。她很想入睡，但她知道绝对不能！她想和乔治谈谈，所以她掐着自己，迫使自己去想那天的活动，以免睡着。

他们那天早晨的第二项挑战是一个莫名其妙的任务：最初，它看来像是简单地让孩子们去一个岩石地貌的地方捡垃圾。他们乘车穿越 Kosmodrome 2。在路上，安妮向外望去，看到园区远处有个像巨大飞船的东西在发射平台上。她问 Kosmodrome 2 的工作人员那飞船是做什么用的，它要去哪儿，但那个工作人员很快拿起双向对讲机，建议其他的车走不同的路线到达火星组装屋。安妮似乎听到他说："走附近别的路线，才不会经过阿尔忒弥斯。"但她不能确定。

他们的车突然改变了方向，飞船从视线中消失了，安妮不可能

再看到它了。

　　原来火星组装屋就是一个以火星表面为实体模型的房子，当然不是低重力。火星表面重力只有地球上重力的 38%，但不像月球上那么小。如果月球上的人类殖民者移动太快的话，很容易就飘到空中！

火星上的生命

我平常喜欢睡懒觉，但每年生日那天早上，我的眼睛似乎适时地兴奋地张开。去年也是一样，2月16日清晨，我从床上跳起来。除了有些东西和平时不一样。我的窗外没有鸟叫，也没有我喜欢的早餐的香味从厨房里飘出，我听不到楼下熟悉的走动声。

然后，我才想起今年的生日不在家里过。事实上，我甚至不在地球上！那时我正与来自世界各地的另外六位科学家在"火星栖息地"，正研究着生活在另一个星球上会是什么样子。

你有没有想过活在另一个世界会是什么样？人们很容易忘记地球不是太阳系中唯一的行星。就像我们的地球，其他七大行星围绕着太阳旋转！这对于我们是幸运的，因为有一天人类可能需要寻找一个新的家！我们没能一直把我们的地球照顾得很好，有一天地球会过热，无法供我们生存。除了全球气候变暖，我们还必须记住恐龙！这些庞大的生物统治地球超过1.65亿年，直到小行星撞击地球毁了它们的家，从而使整个物种灭绝。今天，我们有专门的软件来跟踪远距离的小行星，但如果我们希望人类物种能再生存几百万年，我们需要散布到地球之外去，学习如何在太空生活。

但是，我们不能随便在任何地方生活！我们需要找到一个星球，那里不是很热，也没有距离太阳太近，比如金星或水星；那里又不能太冷或者太过遥远，像天王星、海王星；或者它也不能像木星和土星那样以气体组成！这就只剩下火星了——那个多岩的红色行星，我们的邻居。

很多宇航员曾访问过太空，但除了少数短途旅行到过月球，他们从未远离过地球。没有人曾经去过火星，但我们现在开始为去火星做准备。想象一下，坐在一辆车里200多天，没有中途休息，那就是一组宇航员从地球飞往1.4亿英里之外的火星所需要的时间！当你远离家乡，没有人能送给你额外的食物和水，所以你必须尽量多带，或者学会自己生产不够的部分。

在送宇航员去这么长的旅程之前，我们需要尽可能地了解他们可能面对的挑战。一种方法是，我们在地球上的火星研究站研究火星上的生活和工作将是什么样。这些特殊的实验室，或被称为"栖息地"，外观和感觉都被设计成酷似火星上的房子，房中有一间厨房，一间浴室，一间"温室"种食物，一个有显微镜和其他科学工具的实验室，还有机组人员的小卧室。在我26岁生日的

火星上的生命

清晨，我正是在那间卧室里醒来。

通常我的生日会收到很多朋友的来电和家人的拥抱，但火星上没有电话，因为信号需要很长时间才能到达地球！当我们要同家人讲话时，我们可以通过互联网发送电子邮件，但消息送达仍然需要 20 分钟以上。这也意味着我们不能看电视。但我们可以存储最喜欢的书籍、电影和电视节目的电子版，无聊时，我们可以在一个小型的电脑上阅读或观看这些资料。

虽然目前几乎没有时间无聊。每天都有好多事要做，比如检查和清洁设备，种土豆之类的作物，为组员做饭，为学生录制影片，甚至冒险到舱外去收集土壤和岩石样本。火星没有像地球上那么多的氧气，所以你出舱去需戴头盔帮助呼吸。当你穿着沉重的宇航服走了长路回来，身上黏黏的，你甚至不能洗澡！水是火星上的宝贵资源，我们必须尽可能多地存储，而不能用来淋浴，我们依靠婴儿湿手巾清理身体！

六个组员肯定了解，我过生日时一定会想念家人，因为当我走出房间，他们拿着手工制作的生日卡片正等着我。他们没有在卡片上写"26"，而是写了"13.8"，那是我在火星上的年龄，那里的一年几乎相当于地球年的两倍！他们还特别为我制作了一份心形的煎饼早餐。火星上的饭很乏味。因为新鲜食物会很快腐烂，几乎所有的食物都是与水混合的粉末状，甚至连肉都如此！我最喜欢的火星饭是通心粉和奶酪。

感谢所有组员让我有这么一个美好而惊喜的生日祝福，我意识到我很幸

火星上的生命

运，在这里有这么多朋友。能与组员相处是非常重要的，特别是很长一段时间里你们一起被困在狭小的空间里！

生活和工作在火星栖息地 3 周后，我知道第一批去那里生活的宇航员生活不会容易。我会想念朋友和家人，我最喜欢的食物，温暖的阵雨，甚至不戴头盔地在外面呼吸新鲜空气。不过，我仍然会选择去，而且我很幸运，我的家人也鼓励我去那些星球。我们可能距离第一次飞行还有数年，但我知道在有生之年，我们将会看到火星上人类的脚印。我当然希望那些脚印是我的！

不过，即使不是，我会永远记住那个离开地球的生日。也许有一天，你也会在火星栖息站过生日，甚至在遥远的红色星球上！

凯里

在孩子们面前是一片以粉红色的天际线为背景的红棕色丘陵地带，火星日出的场景出现在一座巨型火山的后面。附近又站着一对怪异凶险的机器人，不出声看似呆滞，但若遇挑战，时刻准备着行动。出人意料的是，孩子们脚下的地面似乎撒了小塑料屑。远处，他们可以看到一对火星探测器，就是那种航天舱，它们由宇航员从地球带上公转的飞船，再将它们放在火星表面上。

没人给孩子们任何指示，只是告诉他们"开始！"

利奥尼亚咬着嘴唇若有所思地看着面前的一地垃圾。

但还是安妮先捋出了头绪。"哦！"她开口了，"我知道这个挑战是什么！"她对利奥尼亚耳语道。无人机像一群围着野餐团团转的黄蜂一样在他们周围飞舞着，显然是想记录下他们的活动情况。"讨厌的家伙！"安妮说着，用手拍掉一个。它愤怒地直接冲着她来了。但利奥尼亚拉住了她，并将手腕对着无人机。令安妮吃惊的是，无人机从空中掉到地上，而且似乎彻底玩完了。

利奥尼亚小声说："反无人机手表。"

安妮问："你为什么会有这个？"利奥尼亚平静地回答："我的父母工作时试图用无人机监控我，我不得不发明个东西来对付他们。"

安妮说："哇！"她惊呆了，顿了几秒不知道该说些什么，脑子里反复思量着这在现实中的多重意味。它不仅意味着利奥尼亚有个很糟的童年，也意味着她们失去了第二次挑战过程中最宝贵的时间，这点时间已经使另一对偷偷抢占了先机。

乔治和伊戈尔！在火星的另一处，一个小丘后面，安妮看不清也听不见的地方，乔治有过与安妮一模一样的想法。伊戈尔一直在沮丧地望着垃圾。他说："当然，他们应该不是要我们来捡垃圾吧？"

语气十分失落。

"这是回收垃圾的挑战？也许是为我们返回地球制造能源？"

乔治说："是的！"他高兴的是突然对为何火星上有很多垃圾的问题灵光一闪。"听着，伊戈尔，"他说，"我需要你在不惊动任何人的情况下设法进入火星探测器。"

"目的是什么？"伊戈尔说，看上去困惑但愿意去。

乔治贴着伊戈尔的耳边低声说着。

"啊哈！"伊戈尔高兴地说，"我非常希望你的假设是正确的！我现在就去！"

伊戈尔懒散地，看似没有明确方向地踱步向前，而乔治在模拟行星表面开始悄悄收集垃圾。看着伊戈尔走了，没人知道他的目的

地是火星探测器。一个小男孩随性自然地走向飞船，没有任何人会怀疑他的真实目标。当接近飞船的台阶时，他像蜂鸟似地飞奔而去，门在他身后砰地一声关上了。

除了安妮和利奥尼亚开始收集到处都是的塑料，挑战中的其他人仍然站在附近争吵着这一挑战的特别意义。但包括安妮和利奥尼亚在内，他们都已经很慢了。安妮和乔治一样，她理解这些塑料物品是来自食品包装等，那将是宇航员在飞往火星的九个月中丢弃的。

但乔治是回收垃圾尤伯杯的获得者特伦斯和黛西的孩子，和乔治不一样，安妮的思维还没能跳到下一步。送伊戈尔到火星探测器里是乔治特别聪明的一招，他能找到构建 3D 打印机所需的零件。因为一旦在火星上着陆，宇航员需要尽快用回收的塑料来构建居处基础。

伊戈尔以高于其他人的技术和工程技能，在其他人还没来得及冲进探测器里，要求他交出设备之前，就为组装 3D 打印机做了很了不起的工作。

像前一天那样，那一声震得脑子疼的巨响宣布有人已经赢得了挑战。当伊戈尔从探测器下来时，安妮利用他打掩护，走过去与乔治交谈。他们已被告知在挑战中，与非搭档交谈是违反规定的，当时安妮就觉得这规则很奇怪，并且是不必要、不友好的。毕竟，他们应该表现出与人合作的技能。即便如此，她这会儿可不想冒着被除名的危险，因为事情开始变得越来越有趣了。目前她是安全的，因为她和利奥尼亚在挑战中做得足够好而留了下来。那两个没动手捡一片垃圾的将会离开。

"稍后，我们在任务控制中心见面。"安妮设法小声地对乔治说。

他点点头，他俩火速分开，没一架无人机来得及捕捉到他们之间的互动。每个人都看着那两个含泪离去的孩子，他们刚被告知，他们已经不必参加挑战，现在将被护送出太空营……

看到利奥尼亚已经入睡，她的反无人机手表躺在吊床前的地板上，安妮溜过去拿起来。门都没有上锁——也不需要锁，因为每个候选人的如豆荚般的宿舍外都徘徊着无人机。如果任何人溜出，例如昨晚一个候选人想家了，无人机立即通知安保有人出舱了，机器人安保来把那人以及他那不幸的同伴一起带走了。因此他们得知违反这类规则立即就会被取消资格。次日，他们在大会上被郑重告知：其中一人因为违反夜间规则已被淘汰，还警告说任何尝试这么做的人都会得到相同的惩罚。而合作伙伴不得不为自己队友的行为承担

责任，正如他们到殖民的星球上一样！

安妮知道自己必须特别小心。她看一眼口袋里的传呼机——它必须随身携带，然后打开宿舍门。立刻，一架无人机向她飞来，她把手表对着飞机，她看到的利奥尼亚先前就是那样做。但不管用，无人机仍向她飞来。惊恐中，安妮按了能找到的所有按钮，它们中的一个肯定是启动键，那架无人机摔在地上，躺在那里不再动了。

安妮听到了不远处有孩子悲伤难过的哭声，似乎那个可怜的孩子心都哭碎了。

安妮左右为难，想着是否应该过去看看，但她不知道那架监视她的宿舍的无人机多久会醒过来，发现她已经走了。她决定先去见乔治，然后再想办法找到并安慰那个孩子。

偷偷溜到任务控制中心，从暗淡的大门灯光下，她看到另一个身影。当他们第一次来这时，Kosmodrome 2 是那么忙碌，那么活力四射。现在，仅仅几天后，它看起来似乎越来越空虚，简直就像鬼一样的设施，而非国际太空旅行跳动的心脏。从那人的身高体形，她能看出那是乔治。

"你甩了无人机？"她低声急切地问道。他点点头，笑了。"它正和伊戈尔下棋。"他回答。

安妮的脸做出"什么"的表情，但乔治咧嘴笑笑，她知道他在逗她。

"你能听到吗？"她低声说，竖起耳朵听那孩子的哭闹声。但一片寂静，小孩肯定已经不哭了。

乔治向她招招手，让她跟上。"我有东西给你看！"他说，他带安妮穿过一段走廊最终离开了任务控制中心。这里看起来像一排办公室，其中的一间的门上有安妮爸爸的名字，但字已经被划掉了！

安妮说："爸爸的办公室！"她觉得嗓子眼儿堵得慌。

乔治轻轻转动门把手，但没打开。他低声说："锁上了！我们去任务控制中心！"他们又回到通往门厅的短走廊上，经过大门进到房间的后面。现在这里似乎完全被遗弃了。屏幕上显示的机器人继续执行着任务，但似乎没人在意或监测他们的进程。太空中的机器人正将数据传回这个没人在意、空荡荡的任务控制中心，除了乔治和安妮，这里完全没有人，这两个新来的年轻人忍不住花点时间看屏幕。

安妮无声地对着乔治说："看！"她指着一个屏幕，那个屏幕在他们第一次访问任务控制中心时曾被清空。他跟着她的手指看过去，乔治惊愕极了。那里展示的和他们以前在 Cosmos 的宇宙门户上看到的一模一样：同样的绿白色的冰斑斑点点地撒在山脊和地面的褶皱上，同样黑色的天空上散落着璀璨的钻石般的星星。更远处，他们可以看到一个巨大的带有条纹气体的行星，这告诉他们那的确是木星的卫星。但所见最棒的是，他们看到了以前看到过的同样的冰洞，就是他们急于冒险来此的前一天看到的。

乔治用口型无声地说："木卫二！一定是它！它又回来了！"

安妮以口型说："而且，那里还有什么人！"

乔治紧张地注视着屏幕上颗粒状的画面，看到他的朋友是对的。那些黑影像是在木卫二的表面上走动着。他们似乎集中在靠近冰洞的地方，看起来好像正在提取从冰洞中流出的液体样品。其中的一个机器人甚至拿着一个像大网似的东西，另一个像鱼叉，好像它们是冰上的渔民，等待猎物游到下面冰冷的陷阱！

"阿尔忒弥斯，"安妮的呼吸声传进乔治的耳朵，"猎人，而他们在木卫二上。"

就在这一刻，他们听到了一个声音。当那声音发出时，乔治抓住安妮，时间刚刚够拉着她后退躲在办公桌下。他们趴在地板上，但那个位置刚好能看到3对机器人的腿铮铮而过，之后是一双穿着蓝色飞行服和高跟鞋的人腿。

"瑞卡!"安妮小声对乔治说。突然,他们感到真的害怕了:"如果我们的传呼机响呢?"

乔治的心拼命地跳着。"把它放进嘴里,"他在她耳边低声说,"这样,如果它响了,光和声音都会被捂住。"

安妮向他做了一个鬼脸儿,他们躺在桌子底下,但还是照他说的做了,她把传呼机拿出来,把那个拳头大小的物体塞进嘴里。她迫切地想告诉乔治关于她的发现:她认为在什么地方遇到过瑞卡。她费尽脑筋想可能是在何时何地。但因传呼机在嘴里,她甚至不能对朋友耳语。

几分钟后,但对安妮和乔治而言似乎是几小时。在此期间,他们只听到一些片段模糊的声音,最后听到瑞卡在说话。

"准备门户入口,"她说得非常清晰,"机器人,加太空负载!""门户"这个词完全抓住了安妮和乔治。他们知道那种门户就

是进入太空的门口。如果机器人被加上太空负载，那一定意味着他们去重力不同的地方，因此需要变重一些。"打开门户。"他们听见瑞卡在发号施令，但她的声音完全不像从前那样迷人或甜美。这一次，它带有小小的金属音，似乎有个刺耳的回声，仿佛不是真的声音。

从办公桌下，安妮和乔治都看到了一道灿烂的白光闪过整个任务控制中心。他们听到了叮叮当当的噪声，听起来像三个机器人缓缓沉重地向前走去。一阵寒冷的空气突然冲入房间，带来浓重的矿物气味。而就在几秒后，光、冷空气和气味都消失了。接着，他们听到"嗒嗒"的脚步声，看到瑞卡穿着蓝色飞行服和高跟鞋往回走，走在来时的路上。她关上身后任务控制中心的大门，她走了。

安妮和乔治小心谨慎地从桌子底下爬出来，传呼机仍在嘴巴里。虽然他们没看到三个机器人和瑞卡一起离开房间，但现在任务控制中心的确只剩下他们俩了。机器人似乎消失得无影无踪！曾经展示木卫二的屏幕现在变成了黑白。

乔治向计算机走过去，这意味着他们必须设法登录，将消息发送给埃里克——即使埃里克的回信无法传回到他们手里，但它肯定能给他发消息——当乔治这么做时，他注意到安妮的脸颊开始发出半透明的红光，那是她嘴里的传呼机，正在闪烁并发出蜂鸣。当然，安妮也看到乔治的脸亮得像鲁道夫驯鹿，就是那个红鼻头驯鹿。

他们都知道必须做什么。也没时间试图给埃里克发消息了，或者搜索机器人如何从房间里失踪了，还有那个神秘门户的生成。他们真的在屏幕上看到了木卫二吗？

现在只有一件事要做，那就是——跑！

第十二章

　　第二天早上，闹钟难以置信地响得特别早。安妮呻吟着，在吊床上翻了个身。她觉得很烦。昨晚跑回宿舍一路都很可怕。她的传呼机疯了似的闪了一路，她相信她或者乔治会被抓到。但令人惊讶的是，她竟然回到宿舍，进去后发现利奥尼亚仍在呼呼大睡，那无人驾驶监视机还像死苍蝇一样躺在那里。

　　几乎同时，她的传呼机停止了蜂鸣和闪烁，显然它是在做某种测试，看看他们面对突发状况需要多久做出反应。如果那样的话，安妮认为利奥尼亚失败了，因为她的传呼机响时，她一直在呼呼大睡。

　　安妮匆匆穿上太空睡衣，然后脱下手表，从地上捡起无人机。那架飞机又活了过来，在房间里嗖嗖地转了几次，意识到两个女孩都在吊床上，但至少有一个已经直直地坐在床上，准备行动以响应传呼机；那熟悉的红色光芒闪过，无人机再次飞走。安妮屏住了呼吸，感觉这个过程好像没完没了，但没有人再来检查，因此她最终还是睡着了，想着不管怎样她和乔治终于脱身了。

　　早晨，她觉得还可以睡几个世纪，但利奥尼亚已经起来，穿着蓝色飞行服，她的长头发在后面扎成一个平滑的马尾辫，正在做一套热身伸展，为一天的活动做准备。安妮希望能跟利奥尼亚谈谈昨

晚与乔治所见，但她不敢。她不知道能否信任利奥尼亚。或许她会将安妮的事直接报告给 Kosmodrome 2 当局，那将毁掉他们寻找木卫二，以及她父亲被解雇的秘密。然后她又起了另一个念头。如果利奥尼亚告诉员工安妮偷跑的事，利奥尼亚自己也可能被送回家！那个女孩不会冒这个险。

"我们今天干什么？"她睡眼惺忪地自语道。

"我怎么知道？"利奥尼亚惊讶地说，"但不管是什么，我们必须时刻保持警惕。鉴于迄今为止我们的成绩，我们肯定是其他组的重点关注对象，或者更确切地说我是他们的重点关注对象。作为有力的竞争者，这意味着今天某个时刻我们将面临故意的刁难。"

安妮说："哦，好啊！也许今天结束时，我们就会出局。"

利奥尼亚很激烈地回答："不！"这是她首次流露出情绪。

安妮惊异地在吊床上坐起来。"我不想回家！"利奥尼亚非常凶地说，"不回那里！不回那里。不和那些人……"让她吃惊的是，安妮看到她队友银色双眼很快地眨着，仿佛忍住眼泪。但很快利奥尼亚又恢复了平时的沉着。"快点，"她厉声说，"你知道今天会比前几天更困难，我们不能因迟到而使情况变得更糟。"

"是的，长官！"安妮轻声说着滑出吊床，朦朦胧胧地揉着眼睛，换下太空睡衣穿上飞行服。这时，宿舍里的电视机自动开始播放，她们并没有碰它。

"你好！"现在是瑞卡·杜尔熟悉的声音，她的声调比安妮上次听到的更高。安妮打了个哆嗦。她无法想象为什么自己曾以为瑞卡那么可爱。现在她怀疑 Kosmodrome 2 进行的事已被证实——那件事与瑞卡和木卫二有关——她一辈子都想不明白为何自己曾觉得瑞卡那么优秀。瑞卡甚至看起来也与平时不同。突然她的脸奇怪地向一面偏着，就好像滑落到脖子一侧，挺怪异而且挺可怕的样子。

"你们准备好第三次挑战了吗？"瑞卡喊出来，那个昨晚安妮捕捉到的金属回音再次响起。

"我们永远都准备着！"利奥尼亚点头说。

"你注意到她有什么不同吗？"安妮突然决定查验一下看到的东西是否确实。"嗯，是的！"利奥尼亚惊讶地说，"她的鼻子好像有点儿不对，是吧？但是，嘘，我们需要听有关挑战的事。"

"今天，"瑞卡通过电视说，"你们的挑战是有关机械方面的。你们将在火星上建造并操纵一台探测器。你们已经去过火星组装屋。公交车在外面等着把你们送到那里，在那里你们大多数人没能领会面临的最终任务，这令我很失望，"瑞卡说着，她的语调听起来不太高兴，"你们中只有几个人能理解，我感到很失望。"

"她今天早上心情不好。"利奥尼亚评论道。

"我相信，你们今天的表现应该不会像昨天那样令我失望，"瑞卡斥责着，"我希望你们至少做出令人称赞的成绩，否则我会怀疑人类是否还有希望。"

"她现在可不那么友好了。"安妮附和道。她还是不太肯定能否

信任利奥尼亚。"这就是你以前想象过的火星培训吗？"她试探性地问。

"不是，"利奥尼亚摇了摇头，"一点都不是，而且培训的方式也不好。我不确定这些培训就足以带我们去火星。就感觉有点太过随意和怪异，好像幕后还有什么我们不知道的东西。"安妮点点头。这也正是她的感觉！但她们没时间深入交谈了。

"宇航员！"瑞卡突然喊了一声，她在电视里的镜头拉近到安妮无法忍受的程度，"出发！"

安妮和利奥尼亚乘小巴抵达火星组装屋，刚一到她们就跑进去找模拟的火星表面，这会儿其边缘和中间都已有车辙穿越的痕迹。房间边上堆放着很多纸箱。当安妮组里所有的人鱼贯而入时，利奥尼亚向前跳跃，胳膊肘部快速转动，肌肉发达的长臂抓住一个纸盒，急速地跑到房间的另一边，她待在红色小山丘的后面，希望能打个掩护。她迅速地撕开盒子，她和安妮扑上去拿出里面的东西。

原来是一个火星探测车，组装说明少得可怜，只一句"将合适的小部件 A 装到链轮齿 J 上去"，还有一套很轻的工具。当她们从盒子里拿出所有的零件后，安妮不禁环顾房间，希望能看到乔治，确定昨晚冒险后，他也安全抵达宿舍。但她只看见一群穿同样蓝色飞行服的不友好的面孔。

几名 Kosmodrome 2 的员工站在火星组装屋的边上，看着候选人努力地组装机器，并记录下来。挑战结束时，不仅要完成探测器的组装，还要使它能在散布着陨石坑、小丘、岩石的崎岖坎坷的类似红色星球表面的轨道上运行。探测器还要捡起一块岩石，将它放在搭载的烤箱内，正如将要在火星上进行的操作一样。这是一个相当复杂的任务。这两个女孩立刻抓起许多小零部件，将它们各就各位地安装在一起。

"你擅长这个吗？"利奥尼亚问安妮，但她的语调很轻并非不屑一顾，"或者我一个人来做？"

"其实，我在这方面挺棒的，谢谢你问一下。"安妮高兴地说。利奥尼亚并未得罪她，她有足够的与那些想说什么就说什么的人相处的经验。她父亲的朋友和学生中有很多人就是这样的直截了当，清晰，直入主题。事实上，如果你以感情为基础来应对事实询查的话，他们反倒感到困惑。安妮早就得出结论：这种人往往非黑即白，看不到生活中他人微妙的情绪波澜。"事实上，我做得很棒，"她自信地说道，"我两岁时，爸妈就给了我一套高级别的乐高玩具，我立马就把它组装起来了！我可是高手。"

"好，"利奥尼亚说，嘴角微扬，"既然那样，那你就搭建框架，我来连接。""成交。"安妮说，努力使自己听上去更自信。

在火星上做实验

正如我们所说，火星上有一台汽车大小的漫游器，它刚刚庆祝完它的第三个生日！

它的名字是"好奇号"。好奇号是一个非常复杂的机器人，它带有十个不同的科学仪器，所有的仪器都试图了解火星环境的信息。然后将这些信息发送回地球，数百名科学家试图弄清火星的过去，它是怎么来的，它怎么变成现在的样子。在推出好奇号之前，美国国家航空航天局已经发出过三台漫游器。

为什么我们对火星这么感兴趣？

火星上的温度比地球低得多，大部分时间低于冰点，这就是为什么在这个星球上发现的水都是冰。有证据表明，火星上有大量的冰！科学家想知道过去（超过 38 亿年前）的火星是否比较温暖，过去那些冰实际上是流水，犹如我们的海洋！

水是生命之源，所以这是非常重要的信息。科学家们不禁发问：如果火星曾经与地球类似，那么它曾经是或将来能成为生命的家园吗，正如我们所知的那样？于是开始研究火星的宜居程度，并为此制造了好奇号！

我们怎么知道火星上是否存在过生命？

如果火星上曾有过生命，那么我们也许能够找到有机分子和氨基酸的蛛丝马迹，它们会在岩石里保存下来。有机分子是在生命系统中发现的。氨基酸是有机分子必不可少的，适用于所有生命形式。因此，如果我们在岩石内找到任何"分子指纹或印记"，那么就可能表明火星上一度存在过生命。

我们如何能找到那些分子？

好奇号上载有一个被称为 SAM（火星样本分析）的仪器。SAM 是人造的最复杂的机器之一。工程师们要尽量将整个实验室的仪器小型化，使之能全部放入一个微波炉大小的机器里。

在火星上做实验

    SAM 很聪明，在没有人类帮助下，它能收集样本，把样本放进杯子并对其进行实验分析。

    工程师们必须经过漫长而艰辛的思考，去弄明白应该如何设计 SAM。SAM 的工作就是尽力寻找那些分子，这也正是它的工作方式。

    让我们以含有大量不同有机物的岩石为例。

这些化合物都存在于火星上的岩石里。

好奇号钻取样本，将岩石碎成粉末，然后存入 SAM。

SAM 将粉末置于杯中震荡。

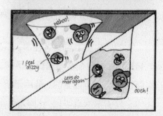

加热样品至大约 950 摄氏度，一些小分子就能够逃逸，一些较大的分子也可以分解成小分子逃逸出来。这一过程被称为热解。然后这些气体就会去往它们的下一站。

在火星上做实验

那些挥发性不够的气体无法逃逸就只能留下来。但 SAM 很聪明，它还能进行有异于热解实验的别的实验，那就是所谓的衍生实验。这种反应有助于分子变得更加不稳定，使它们更容易逃出岩石样品。

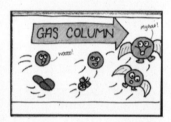

这些气体接着传递到下一站。

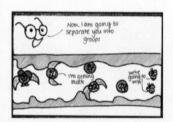

这个站是分离站，SAM 在这里试图将分子分组，同一种分子分在一个组，于是相同的分子在同一时间通过。

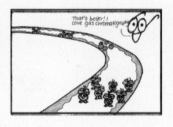

这是通过一个内部有黏性物质的孔柱传递气体来实现的。一些分子比另一些更喜欢这种材料，所以经过这个孔柱就较慢些。它们到达孔柱末端时，所有的分子即形成了分组。这就是所谓的气相色谱法。

在火星上做实验

然后，SAM 就能告知它实际发现了什么分子。这是由一个非常聪明的研究方法，被称为质谱的过程来实现的。随着分子成组通过，它们被电子束击中，而分裂成小碎片。

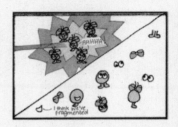

SAM 则着眼于另一端出来的不同的碎片，计算每种碎片有多少。

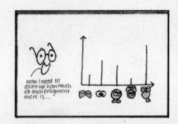

每种类型的分子分裂不同，看到它如何分裂，我们可以计算出到底有哪些分子存在。

地球上的科学家将很多很多的分子的分裂建成模式库，因此，当 SAM 数据被送回来，他们可以比对 SAM 的数据，研究出岩石里有哪些分子！

在火星上做实验

真聪明啊！

接下来会发生什么？

如果科学家要送人类到火星去，那么好奇号可以帮助他们获得更多的信息。在送宇航员去之前，需要思考和解决各种各样的因素和问题。

- 人体在没有重力的环境中待一年会是什么反应？
- 我们使用什么材料来保护宇航员，使其避开危险的辐射？
- 我们如何为宇航员存储一年以上充足的粮食？

所有这些问题都需要答案，有一天你也可能成为这些科学家中的一员，创造历史，发现更多的关于我们奇妙的宇宙运行的奥秘。

凯蒂

乔治的父母是环保斗士，如果他想要玩具，他们要他用枝叶做，从不让他有过乐高玩具或遥控车，因此他只能给伊戈尔打下手帮忙完成这个任务。所幸伊戈尔做得得心应手，当他组装探测器时，他的手上下飞舞，乔治想知道在这项任务完成过程中，他是否还有一席之地，

他真的能成为一名宇航员吗？他问自己。到目前为止，他并不觉得自己做了很大贡献。在第一个中性浮力池的挑战中，就字面的意义而言，他带着伊戈尔，但几乎每一个其他方面，都是伊戈尔带着他。乔治感觉自己没用。如果不是昨晚和安妮在任务控制中心目睹那诡异的一幕，就是那堆机器人看似消失，也可能通过宇宙门户去了木卫二，乔治想自己可能就放弃了。但他不能把安妮留下，而且乔治也意识到自己不想让伊戈尔跟着被淘汰。如果乔治离开，伊戈尔也会淘汰出局，那对他不公平。

安妮和利奥尼亚的经验相当。两个女孩很清楚她们在做什么——安妮可以想象探测器的结构，这引导着她如何将外部的不同部分结合在一起。利奥尼亚能够想出如何解决电子部分使探测器能在火星表面旅行，通过遥控器来操纵。她们静静地相互配合，进展迅速而良好。不久，一堆杂七杂八的电线和支柱就现出雏形了。

　　但并非只有她们，屋里的其他孩子也想去火星，看起来他们也在全力以赴以确保安妮和利奥尼亚不会取代自己的位置。

　　"喂！"安妮说。当安妮和利奥尼亚努力组装时，正有一个竞争对手的探测器滑到很近的地方，掀起的黏厚红色尘土落在她们的机器上。安妮仔细地看了看那个胡乱跑来的探测器，但她发现那不过是轮子上放了个电器盒。她站起来，朝着房间另一边正用遥控器控制这台探测器的两个学员奋力挥着手。"搞破坏！"她喊道。那个探测器继续试图去撞她和利奥尼亚的高级得多的机器。

　　远处那两个学员灿烂地笑着挥挥手，将他们的探测器送离安妮和利奥尼亚，送上主赛道。他们称："对不起！在试跑！"

但他们咯咯笑的样子使安妮觉得不对劲。"那探测器离能上赛道运行还远着呢，"她对利奥尼亚耳语道，"他们只是把最基本的零件放在一起，然后驱使它破坏我们的。"

就在她说话时，超级自信的学员中的一对，他们也是双胞胎，名叫金星和海王星——走过来，绊了一下，身体落在安妮和利奥尼亚的探测器上，挤压了它。

"哦，抱歉！"海王星说，摇动着手，咧着嘴露出一个巨大的笑容，"我也不知道是怎么回事！"然后拂袖而去，只剩下利奥尼亚和安妮惊恐地注视着压扁了的、脏兮兮的探测器。

安妮说："这些人！太可怕了。"

"人类就是问题，"利奥尼亚答道，"但要记住，火星上会少许多人类。我们只需应付太阳风暴、恶劣天气、沙尘暴、极端温度、缺乏磁场、重力、氧气和水。那将简单得多。"

"好吧，如果你这么认为的话。"安妮说，弄直了探测器皱巴巴的部分。"妈呀！"她突然发现一个探测器已在赛道上，并开始环行。

利奥尼亚做了最后的收尾工作，然后轻松地拿起自己的探测器，将它安在赛道上。"让我们看看。"她按下了遥控器，探测器向后冲去，如果不是安妮一个箭步抓住它，它可能会脱离赛道掉进一个火山口。"反应真快！"利奥尼亚赞许道。显然安妮带来的负担比她所担心的要少得多。她说："好，让我们来吧。"她再次按下遥控器。探测器向前冲去，紧追着目前赛道上的另外一个探测器。它需要做的是从进入赛道的那一点开始环行，然后收集、装载石头。但利奥尼亚发现自己很难控制住探测器。它转弯很急，几乎翻个儿。

安妮抢过利奥尼亚的遥控器："把它给我。"她扶正了它，她们

的探测器再次加速前进，跑到前面了。安妮所有的电脑游戏技巧现在都用上了。她使探测器开始在弯道上跑到领先位置，而此时，不知从哪里冒出来一辆流氓车，它从后面试图直接撞向她们的探测器，它攻击了安妮和利奥尼亚的车，将车身撞掉，只剩下车轮、轴和车载烘箱。一片悲伤狼藉，但它仍然在运行。

安妮大声抗议："嘿！这不公平！"她看了过来，但另一对学员向她邪恶地笑着。她咳嗽了。此时房间里尘土飞扬，而探测器在轨道上吱吱作响。房间越来越暗，光亮似乎在消退。

"通往火星的路没有公平。"其中一人喃喃自语，再次将他的探测器瞄准安妮的。但安妮比他更快。她很快地让探测器转了方向，让它朝另一个方向跑去，现在它正在反方向跑着。这打乱了其他车手和他们的车，当他们还犹豫时，安妮的探测器就已经远远地甩开

他们了。她开着它上山过岗，进入小山谷，在急弯中略有打滑，但总是设法让它继续前进，并一直保持着这一势头。

现在更多的几个探测器也加入了赛道，他们中的一些构造良好，一些看起来好像是由一条绳子和一个铁罐制成的。在刚开始加速时，其中一些就摔个粉碎。这条赛道越来越拥挤，当探测器相互撞碎时，发生了交通拥堵。安妮和利奥尼亚的探测器仍然领先其他车，当它快回到起点时，意想不到的事发生了。

空气已经变得越来越厚重，但学员们太过专注地操纵着自己的车辆，没人注意到这个问题。这会儿屋里空气中充满了浓厚的红色灰尘，安妮突然意识到能见度很低，几乎看不到房间的另一边了。

有人轻拍她肩膀并说道："看，那灰尘来自通风口，往上看。"

安妮顺着利奥尼亚所指看过去，一烟囱的灰尘正涌入屋里，在周围的空气中打着旋儿。

"这是什么？"利奥尼亚用手捂住嘴说。

安妮捂住嘴答道："哎呀，是火星沙尘暴！"很久以前，她陷入过火星沙尘暴。她和乔治跟随着一系列的宇宙线索，离开太阳系到达另一星系中的遥远星球。因此安妮意识到她们必须立即采取行动。"是时候撤离了！"她坚定地说。

"不可以，"利奥尼亚说，她的眼睛被沙尘刺痛了，"我们必须完成挑战！"

"这就是一个挑战，"安妮说着便拖着利奥尼亚向门口走去，"我们面临的挑战就是迅速撤离！"

利奥尼亚把她的鞋跟儿戳入脆脆的地面，抵抗着不愿离去。安妮一直在拉她，似乎陷入了战斗中的拉锯战。其他年轻的宇航员没

有一个离开自己的岗位，依然和自然条件作战以便让他们的探测器跑完全程。那些监控机器人也无可避免地努力招架着厚重的灰尘。那些灰尘似乎进入它们的零件，造成了机械故障——一个机器人正在跪下，俯卧在火星表面。

安妮一直朝着她认为的出口向前拖利奥尼亚。她几乎无法呼吸，也很难睁开眼睛。在安妮经历过的太空旅行中，这个假火星沙尘暴的厚厚红尘是最险恶最可怕的。她知道自己是正确的。这是一个挑战——当你知道麻烦大到无法继续安全工作时，你需要尽快撤离。面临的挑战不是不惜一切代价完成工作，而是离开，并在撤离过程中，解救你能够解救的，最重要的是牵涉其中的人员。

利奥尼亚不再抵抗，她们一起向门跑去，猛力推开门，门打开了，警报响起。通风口不再向组装屋倾倒灰尘，而且开始吸尘，灯亮了，其他宇航员满身红尘，失望地扔下手中的遥控器。

　　安妮和利奥尼亚再次获胜。

第十三章

接下来的几天，依然保持着同样的模式。无论是进行离心力实验（绑在椅子上飞快旋转），还是尝试操作航天器的机械臂，或是按照无线电下达的命令在紧急情况时实施基本医疗技术，又或者传达外语，两个女孩每次都在最高名次，或接近最高。而每次她们赢了一项挑战时，其他的候选人就更恨她们。越来越多的孩子离开了训练营，现在仅剩一项挑战了，这项挑战意味着这剩下几对新搭档必须一起合作。

虽然乔治和伊戈尔赢得火星 3D 打印挑战之后没有再赢过，但他们每次也都有着不俗的表现，可能排第二或第三，很不错的第二或第三。即便如此，乔治还是觉得不好意思，因为他们的成功主要是靠伊戈尔，而几乎所有的失败，他估计都是因为他。他对自己并不满意。但他也随着训练进程而感到兴奋。现在的感觉更像是某种电视大赛，目标是经历更多的丢脸或失败，只要乐在其中就行，而非为了参加伟大的探索人类未来的科学实验。

到第二周结束，只有一半的孩子留在训练营。那天晚上，安妮回到宿舍准备睡觉时，感觉又饿又不舒服，总之是有一种很奇怪的感觉。他们参加零重力飞行，度过了一个不平凡的日子。安妮那个

组只有三对航天员，他们被车带出去来到跑道上，还是在庞大的
Kosmodrome 2 场地上。在那里，他们登上飞机。前舱全是空的，
后舱只有几排座位。通过扩音器，一个机械般的声音指示他们绑好
安全带，准备起飞。坐在利奥尼亚和安妮后面的是金星和海王星那
对姐妹，她们依然春风满面，互称 V 和 N。她们肯定超级自信，似
乎并未想过不会去火星。她们位于日常排名的第二，对于自己的能
力，浑身散发着自我陶醉的味道。

　　"吃糖吗？" V 从航线座椅之间把手伸到安妮和利奥尼亚的座
位。"哦，好呀，谢谢。"安妮打心底里厌恶复水食物，她伸手去拿，
但动作不够快，被利奥尼亚给抢了过去，她把糖果一掰两半闻了闻，
脸上露出怀疑的神色。

148

安妮嘟哝着："哦，拜托，利奥，我只是想吃点甜的。"

"你不应该吃非太空规定的食品，"利奥尼亚啪地一声用手指夹碎了糖果，安妮看着她的小享受变成碎末消失在飞机地板上，"这是违反规定的，你会减少我们的积分。而且我也不喜欢它的味道。"她补充说。

安妮咬着牙说："这又不是给你的，我可没要你破坏你的饮食习惯，那是我的糖，也是我丢分。"

利奥尼亚俯在安妮耳边低声说："我想那已发生化学变化，"此时飞机引擎的噪声越来越响亮，已经准备起飞，"如果你吃了它，我不能保证你身上会发生什么。你可能已经控制不住吐了，或者睡过去，或者更糟。"

安妮低声回答："更糟糕？"

"你可能会变成鲜绿色，全身都长毛。"利奥尼亚说。

安妮忍不住叫起来："啊呀！不！"

"不是，也不见得，"利奥尼亚说，"但我认为那会令你很不舒服。"

安妮怀疑地说："你只是开玩笑吧？"

"我开玩笑？"利奥尼亚看起来很愉快，"可笑吗？"

安妮承认："嗯，差不多。"

"为什么好笑?"利奥尼亚坚持着,"请你给我解释一下,那么我下次还能制造这样的笑点。"

"最好别了,"安妮告诫道,"幽默必须是自发的,否则一点儿都不好玩儿。"但她记住不接受 V 和 N 的任何食物。

扩音机自动播放通知:"宇航员!现在开始上升了!"这架飞机没有窗户,所以他们无法理解以地球做参照物会发生什么。但他们能感觉到运动——飞机正开始急剧飞升。此时在地上看的人会看到一架飞机几乎垂直地上升,好像它试图穿越大气层进入太空本身。如果他们一直看下去,当它飞过了一道长长的弧线,他们会看到它在同一飞行轨迹上拉平了飞,然后朝地上狂跌下落。它不停地以巨大的循环曲线飞着,地上的观众可能会问到底它在搞什么名堂。

飞机里六名实习宇航员遵循新指令离开了座位,在机舱前部找位置。飞机沿曲线飞行,坐在机舱地板上的初级宇航员们向上升去。除了安妮,这是其他人第一次体验失重,没人能憋住不笑!这一刻,年轻宇航员们从斗志昂扬、誓死奋战的竞争状态回归了本真——孩子们毕竟喜欢与其他孩子游戏玩耍。他们在空中翻筋斗,他们的脚趾碰到天花板,他们推着机舱壁,在机舱里飞来飞去好像超级英雄!他们笑个不停!在半空中,安妮和 V 反向飘去,彼此击掌,完全忘记了糖果可能有毒的事儿。接着,当飞机开始再次驶向地面时,重力恢复,他们慢慢沉下,落到地板上。当飞机飞到曲线底部,他们只能一动不动趴在地板上,几乎手指都不能动一动,直到飞机再次回到曲线上,他们才能再次开始上升。

这一次飞机比上次曲线飞行时上升得更快。上升太快了,以致安妮的头撞到了天花板。但不久,她就调整到零重力状态,在机舱

里到处乱飞，然后她意识到飞机再次向下，飞向地球。她觉得重力抓住了她，就像以前那个潜水员抓住她的脚踝似的，重力拉着她背对着地板。她再次躺下，但几乎同时，她又觉得自己朝天花板上飞去。她在找利奥尼亚，只看到她的队友在向她做手势。安妮沿着机舱飞到利奥尼亚漂浮的地方。

利奥尼亚小声说："很不对头啊，我们需要进入驾驶舱。试着掩护我，别让别人看到我在做什么。"

安妮问："你觉得这是挑战吗？""不知道。"利奥尼亚说，她试图打开驾驶舱门，发现它锁上了，"但在再次进入超重之前，我们必须到驾驶舱里面！"安妮从未听到过她这么恐慌。

安妮漂浮到利奥尼亚的前面，挡住了她。V和N向她翻滚过来，但飞机剧烈颤抖，她们又向后被甩到相反的方向。

安妮急切地说："利奥，把门打开。"

"我正在努力！"利奥尼亚说，"但没用！"在那一刻，他们感觉飞机在转弯，开始再次下跌。

安妮感到惊恐和恶心。几秒里，她完全呆住了，无法移动或思考。然后，仿佛她的大脑做了微小的停顿转到更高的一挡，她出奇地冷静，意识到自己必须负起责任立刻出手。

"各位！"安妮喊道，她发现自己从学校欺凌事件以来头一次发出真正的声音。面对着真实的迫在眉睫的危险，安妮不再胆怯或害怕。她爆发出勇气，并准备行动。

"大家尽快到这里来！必须打开这个门，我们要一起去撞它，冲进去。"

安妮和利奥尼亚接连获胜已经获得其他新人足够的尊敬，他们

零重力飞行

　　零重力飞行是微重力或与国际空间站的宇航员有同样重力条件的一种体验方式！这意味着你的脚能够被推离天花板或能看到乱撒的水滴漂浮！

　　零重力飞行具有重要意义——美国航空航天局和其他太空机构以零重力飞行训练宇航员，使他们为国际空间站工作做更充分的准备。

　　但在 1994 年，一个名叫彼得·迪曼蒂斯的人决定将零重力飞行向普通乘客开放，他想让所有的人都体验太空旅行，而非仅限于职业宇航员。很多知名人物已经体验过他的零重力航班，其中包括第二个登上月球的人——巴兹·奥尔德林和本书的作者之一史蒂芬·霍金！

> **当你体验零重力飞行时，事实上你的飞机并不会离开地球大气层！你也并没有进入太空。**

　　当进行零重力飞行时，每个人都登上一架看似平常的飞机，就像你去度假的那种飞机。但它飞得可不像一架正常的飞机！它沿着被称为抛物线的长曲线飞。

　　它是这样的：

- 飞机，由专业的高素质飞行员驾驶，急速攀升，然后头朝下再飞回地面。
- 当飞机上升，越过高峰，它就将你置于"零重力"状态。在这一点上，你开始自由落体，就像你在国际空间站内。这非常令人兴奋！
- 为了让你习惯失重感，头几个抛物线或曲线飞机飞得不是太陡。这意味着你有了地心引力减少的感觉，这和你可能在火星或月球的经历相同。火星的引力只有地球的 40%，因此你可以在火星上大幅度地跳来跳去。月球比火星重力更少，因此在飞"月球抛物线"时，你可以用一根手指做倒立！
- 当飞机再次下降，你将遇到"超重力"，强大的引力迫使你定到地板上。躺在地板上，你甚至不能伸起一根手指使之移动！当飞机再次上升，你再次开始轻轻地浮离地面。

零重力飞行

在零重力的抛物线飞行中，你体验了完全的失重。你可以在空中翻跟头或走在天花板上！这些零重力抛物线飞行结束得太快，大家都说"再来一次！再来一次！"

但有升必有降，最终飞机将会降落，带你再次回到地球……

服从了。

"一！二！三！"安妮喊着，"冲啊！"

他们一起冲向大门，大门弹开了，利奥尼亚和她身后的安妮冲进驾驶舱，几乎摔在一个低头俯在控制台上的人身上。

安妮尽力摇着驾驶员："醒醒！"她把他的头从操纵杆扶起来。通过驾驶舱窗口，机舱周围的众多高度仪表盘无疑显示着他们正在头朝地向地球飞去，飞机失去了控制。"醒醒！"她对着飞行员的脸大喊。彻底的恐惧使她尖叫起来，她控制不住了，然后她赶紧设法镇定下来。那个起飞前穿着飞行服，他们看着爬进驾驶舱的"人"竟然不是人类。

"它是个机器人！"安妮毛骨悚然地喊道，"这是一个机器人！这架飞机正由一个机器人在驾驶飞行！机舱里除了我们，没有人！"

飞行帽掉了下来，将机器人戴的假发和眼镜一并带了下来。这个机器人的脸已经被涂上肉粉色，并画了眉眼。总之，这真令人难以置信，他们竟然被忽悠了。但他们只是从远处看了驾驶员几秒，他们看到所希望看到的，而不是真的。利奥尼亚抓起机器人，幸运的是，它比那些在 Kosmodrome 2 周围巡逻的大型僵尸般的机器人个头小，她把它推出驾驶座，倒着放下。"坐下！"她命令安妮。安妮乖乖地爬进飞行员的座位。

她不顾一切地问："利奥，你知道怎么开飞机吗？"他们正以可怕的速度下降。其他学员已经意识到发生了什么，机舱里传来尖叫声。

"理论上知道，"利奥尼亚承认道，"这架飞机应该能自动巡航。"

安妮说："有理论也比什么都没有强。告诉我怎么做。"

利奥尼亚说："抓住操纵杆，轻轻推升。"

安妮顺从地听她命令。操纵杆位于驾驶座左边，她慢慢地推着它，她感觉机头微微抬起。与此同时，利奥尼亚在驾驶舱四周的控制板上开关了一系列的按钮。当安妮放平飞机时，红色速度表的指针回到比较正常的位置，飞机速度降低。

利奥尼亚拿起无线电呼叫机，开始对着它讲话："喂，Mayday，Mayday（快来帮帮我，紧急呼救）！"她发出了国际通用的飞机舰船紧急求救信号。无线电呼叫机咔嗒一声回答着，但听不到声音。"紧急求助，重复一遍紧急求助！"利奥尼亚继续着，"我的飞机需要在 Kosmodrome 2 降落。"无线电呼叫机"吱吱咯咯"地响着，但没有人或者机器回答。

她对安妮说："你必须操纵飞机着陆，安妮。"外边，天已经开始暗下来了。"太阳下山后，光线褪去时，我们飞进去比较

容易。"

"我必须操纵飞机着陆？"安妮想不出比这更可怕的事情了。

"可是，我认为其他任何人都不合适。"利奥尼亚反驳道，座舱里的哭声传进驾驶舱。

安妮辩道："为什么你不能？"

"我要操作起落架和导航控制。我会尽我所能，让飞机自己着陆，但我不知道如何让它完全自动驾驶，所以你不得不引导它下降。就像用

遥控驾驶探测器似的，你在那方面比我棒得多。"

安妮弱弱地问："我们有雷达吗？"

"有啊，"利奥尼亚确认着，"好消息是我已经发现了 Kosmodrome 2 的跑道坐标。"

安妮说："除了没有手推车服务或在飞行中看电影，那么不好的消息是什么？"

令她惊讶的是，利奥尼亚笑了起来。然后她道歉。"对不起，"她说，"我并不总能根据境况来辨认适当的情绪。"

"不，是我的错，"安妮说，"这真的不是开玩笑的时候。告诉我坏消息。"

"你要给飞机掉头，"利奥尼亚说，"我们飞错了方向。这就是坏消息。"

"哦，这样啊？"安妮说。这真出乎意料。在现有的所有问题中，安妮没猜到飞错了方向。

"你需要用脚。"利奥尼亚指点着。

安妮低下头，在底部，有几个大象脚大小的踏板。她闪烁荧光的球鞋小心翼翼地踏在上面。

"使用操纵杆保持机头稳定，"利奥尼亚指示着，"并使用脚踏板来改变飞机的水平方向。"

安妮咽了一口口水。她想这个总比燃油耗尽或通过紊流飞行好些。她不能完全断定自己能驾驭，但把飞机转一个圈，对一个从未开过一辆真汽车的人而言，这太棒了。安妮深吸了一口气，告诉自己能做到。她透过飞行员弧形玻璃的窗口，直视前方，数百个开关和仪表围绕着她，她现在所有的希望是飞机能够进入自动巡航状态，她的左脚有意踩得用力了些。飞机慢慢地开始向反方向转去。安妮不小心右脚踩了踏板，飞机跳了一下。

"告诉他们系好安全带，飞机可能会颠簸。"

"宇航员们！"利奥尼亚回头向座舱喊道，"别哭了，回到座位上，这是命令。"她转头对安妮说："你行吗？"

"很好，"安妮回道，"抓紧些。"

利奥尼亚抓住最近的一个物件以稳定自己，结果发现那个东西是机器人驾驶员的一条腿，它现在已经倒了个，夹在两个驾驶座之间，脚在半空中。

安妮慢慢地转动飞机，依然引起了后舱一片惊叫。当飞机突然下降或上升时，孩子们喊着，哼哼着。安妮尽力保持稳定，尽量小心，但仍然不能在转弯中保持水平。几分钟之后，飞机修正好了，安妮看着前面的计算机屏幕，她看到现在计算机正引导她飞向 Kosmodrome 2 的跑道。安妮如释重负地大大地呼出一口气，这口气比她和乔治逃脱大型强子对撞机的爆炸时还要大，更比逃脱那个疯子和他的量子计算机时大得多，这是她平生呼出的最大的一口气。但还不能与救出落入黑洞中的她爸的那段经历相比。

她从利奥尼亚那里拿过话筒，说："听着，孩子们，"她的声音在机舱里回荡，非常清晰坚定，听不到一点犹疑，"我现在试图着陆，系好安全带，如果你能忍住，请别乱叫。乱叫一点儿都不酷，而且无济于事。"

当安妮驾驶飞机时，利奥尼亚点着头，现在飞机与她面前的计算机屏幕上的图像已经一致了。她感到多么轻松啊，她转动几个开关，她们听到着陆机件在下降准备着陆。

20，19，18。计算机屏幕给出着陆前的秒数。

当倒数计时时，利奥尼亚说："安妮。"

"是。"安妮答着，轻轻地咽了口唾沫。

当计算机计数到 15、14 时，"如果我去太空，"利奥尼亚继续说，"我要你和我在一起，你是我们当中最棒的宇航员。"

"不，我不是。"安妮坚定地说。跑道两旁亮着的着陆灯，看着已经很近了，她唯一希望的是能滑上跑道而不会撞上。"是你。你应该去火星。我想这之后，我要待在家里。"

10，9，8……

"你不是当真的吧？"利奥尼亚说，"你不能那样，一次不好的经历并不意味着一切，你必须坚持下去。"

　　当轮子碰到 Kosmodrome 2 的停机坪跑道时，计算机说着 4，3，2，1……飞机着陆时速度依然过快，因此它前后摇晃颠簸着，引起后舱一阵呻吟和尖叫。但下降时轮子又转弯了，造成飞机偏离，最后更多地在草地上着陆而非在跑道上。在距离 Kosmodrome 2 的建筑物还比较远的地方，安妮停稳了飞机。

　　"这是你们的机长在讲话，"安妮对着她的乘客说，"感谢你们乘坐火星特快航班，我们希望未来你们再次与我们一起飞行。"

第十四章

　　安妮想，在这样的考验之后，跑道上会有 Kosmodrome 2 的员工前来迎接他们。但安静的停机坪空空如也。在操纵飞机紧急降落并取得成功的巨大的激动和紧张之后，真感到不对劲。至少他们期望着蓝色闪烁，Kosmodrome 2 的员工。但没有一个人，也没有支援车冲出来，更没有移动旋梯或者铰接客车引导他们回到航天站。

　　"驾驶这架飞机着陆真的是挑战？"安妮对利奥尼亚说，她们还一起坐在驾驶舱里，"还是一场事故？"

　　"除非……"利奥尼亚说，然后她摇摇头。

　　"什么？告诉我。"安妮问。

　　"你注意到整个过程有什么古怪的吗？"利奥尼亚慢慢地问。

　　"我刚驾驶飞机着陆了！"安妮喊道，在她头脑里，她对自己说：我刚刚驾驶飞机着陆了！看到了吧！贝琳达还有你们其他人。我打赌你们都做不到。那么就保持镇静，别叫唤，"你问我是否注意到什么事怪怪的？"

　　"除了今天。"利奥尼亚继续问道。

　　"我只是想成为一名宇航员，尤其是当我们与别人竞争时，将是艰难的，"看着空无一人的跑道，安妮若有所思地说，"但我不得不说，我从来没准备过这个，这真令人难以置信。"

　　"我不觉得这很有趣，"利奥尼亚说，"但我没想到他们会把我们置于危险之中。"

　　"是故意的吗？"安妮问。这是一个令人震惊的想法，但就在刚刚发生了一切之后……她很快想到乔治与她在控制中心会面的那个晚上。如果他们被发现呢？他们是故意想害她？即使这意味着杀死其他的五个孩子？她使劲地咽了口唾沫。乔治有危险吗？

　　"安妮，我不认为他们有意害我们。但他们把一堆孩子们放在一架由机器人驾驶的飞机上，"利奥尼亚说，"然后机器人发生了故障，而且还没有后备，无应急程序，什么都没有。如果不是你，我

们早就崩溃了。"

"是我们，"安妮说，"那不都是我做的。"她凝视着驾驶舱窗外。"利奥，"她注意到什么慢慢地说，"这不是我们起飞的跑道，对吗？"

"不是，"利奥尼亚说，"这肯定是园区的另一部分。"

"天呀！"安妮说，"你看，又是那架飞船，就是在探测器挑战时，他们开车离开了那里，使我们看不到它。"

"原来如此。"利奥尼亚说。在远处，他们能看出那是一个航天器，正由一些复杂机器竖起来，做发射准备。距离太远，看不清楚，但那架飞船似乎已经点火，还有微小的黑色物体，像苍蝇一样，趴在周围。

"他们已经准备好起飞了！"利奥尼亚说，"但它会去哪里？谁在那上面？飞行任务上并未列出这次发射？我真不明白。"

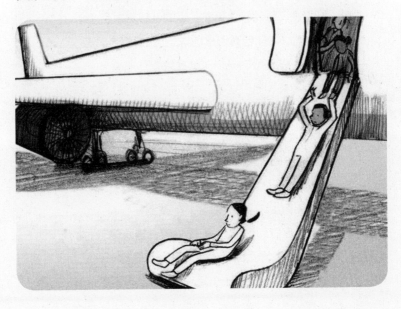

163

此时，V和N在驾驶舱探头探脑。"嘿，英雄们！"她们愉快地叫着。现在所有竞争意识已经消失了，每个人对能活着都感到特别宽慰。

"对不起你们啦，"V不好意思地说，"我很高兴你没有吃那糖果！它被下了药——它会把你打倒，那么我们可能永远不会幸免于难。我很抱歉。"

N插话："如果我们能完成培训成为火星的宇航员的话，我们就能获得许诺的电视转播和一份标准合同，这似乎有点值得我们作假。"

"不，那也不会的，"V承认道，"因为如果我们用那个打倒了安妮……"她的声音变小了。姐妹俩互相看了一眼，摇了摇头。

"我不知道，V，"N说，"我们还是打网球吧。"

"嗯，好主意，"V说，"我现在真的不想进太空了。"

"唱歌怎么样？"N若有所思地说，"我们相当厉害。"

"或者我们可以开始做一个时尚品牌。"V说。

"我们将会考虑其他一些事，"N说，"我们总是这样的。"

她们转过身，对着安妮和利奥尼亚微笑，不对她们报以微笑是不可能的，毕竟她们真的是有点与众不同呢。

"我们已经打开了舱门，"V说，"推出了紧急滑梯。两个人正在离开飞机。"从舱内，她们听到兴奋的叫声，那是一对孩子滑下塑料滑梯，降落到跑道上。

"哦，我一直想做到这个！"安妮喊道。她跳起来，挤开了别人。V和N跟着她，利奥尼亚也跟在她的身后。只有利奥尼亚有自己的理由决定带走机器人。她们一个接一个，就利奥尼亚而言，是两个，

女孩们跳上滑梯，滑到底，到达时，正好一辆来自太空港的车子出现了，一对 Kosmodrome 2 焦虑的工作人员跳出车，开始询问宇航员们。

"什么都别告诉他们，"利奥尼亚对安妮耳语道，"我不信任他们。"

安妮点点头。他们挤进一辆小车，车里的工作人员太过专注，而没有注意到利奥尼亚带着机器人。他们一回到 Kosmodrome 2 设施住宿的那一侧，宇航员们簇拥着安妮和利奥尼亚还有那个机器人走回宿舍，他们走着，安妮轻声对利奥尼亚说，"我需要找到我的朋友乔治，我必须和他谈谈刚才发生的事。我有一种奇怪的感觉，他也想要和我讲话。"

利奥尼亚点点头。"去吧，"她轻声说，"拿上这个，它可能会帮到你。"她摘下反无人机手表，递给安妮。"它还有个手电，按这儿。"一道光柱从手表里射出。"脱掉衣服！我将会把机器人放在你的床上，如果有人通过监控器看我们，它会看起来像是你在睡觉。V，"她指着双胞胎中的一个，"你能吸引大家注意力吗？"

"我能吸引注意力吗？"V 说，撅起屁股，摆了一个姿势，"你找对人了。"

"N，开始吧！"她突然发出极高的声音，N 参与进来，以反旋律低唱着。一场无伴奏合唱，她们俩的歌声突然在走廊里响起。她们不仅是唱，而且开始跳舞，这音乐，这能量，这流动的歌声，打动了其他的新人，就在不久以前，他们还在担心着自己的生命。V 和 N 优美的声音响彻走廊，似乎缓解了宇航培训生压抑已久的情绪，他们一直是那么紧张疲惫，担心和害怕。虽然并不很和谐，

但却很踊跃，其他人都加入进来，欢呼着，摆动着，唱着，尽其所能，甚至利奥尼亚。不过很明显，对她而言这一切都很新鲜。仿佛在 Kosmodrome 2 平淡的走廊里，狂欢节突然开始了。

安妮溜走了。她不知道在哪里能找到乔治，但她不得不试一试。他可能正处于真正的危险之中！过去他们已经历过这么多的挑战，她知道他们俩也能解决眼前的这个问题。而她也想让她遇到的其他新人了解他们可能也有危险。他们不能再相互竞争了，而必须团结在一起，互相帮助。

她必须让其他人知道，宇航员的训练方式有严重的错误。为什么这些天赋异禀、聪慧过人的孩子们被带到这里？她沿着无尽的似乎构成 Kosmodrome 2 走廊的网络侧身而行，安妮意识到孩子们

甚至都不知道怎么走出这个地方回家。他们没有手机或平板电脑，他们依靠日益稀缺的 Kosmodrome 2 的工作人员带来家人的消息。她意识到被困在这里，没法召唤外面的世界来帮助他们。

突然走廊的灯灭了。Kosmodrome 2 的自动系统决定关灯的时刻到了。安妮心想至少黑暗给了自己一点儿掩护。她偷偷地沿着走廊走着，希望自己有副谷歌眼镜，以前有人干扰了全国供电系统后，她和乔治就用谷歌眼镜穿越家乡的小城。这眼镜有夜视功能，在停电时非常有用。安妮叹了口气。现在除了利奥尼亚的手表之外，没有能帮助她的东西。她只能用自己的眼睛和耳朵，还有大脑来解决问题。安妮感到这一切都是技术含量非常低、很老式的手段。

但她心想，既然我能降落一架飞机，那这次我也能成功。她停

下来，听着周围的声音。从某个遥远的地方，她又听到一个小孩儿的哭声，声音很远。那声音悲伤的令人心碎。安妮蹑手蹑脚地沿着走廊向那个声音走去。它越来越响，安妮悄悄地走过一个路口，在拐角处查看。令她惊讶的是，她不是唯一一个听到声音并前来调查的培训生。一个更小的名叫法拉的女孩儿，正从另一方向走来，很显然，她也打算找到哭声的源头。但当小法拉在走廊上走近似乎是哭声来源的关闭的房门时，一个机器人走出了那扇门，抓起法拉，把她抱到他的金属肩膀上，跺着脚向安妮相反的方向走去。法拉踢着机器人，挣扎着，她抬头向后看，目光与安妮的交集。"跑！"法拉用口型说着。

安妮并不需要被告知两次。她以百米冲刺的速度，随意打开一扇门，跑过去。看起来是一条下行的楼梯。顺着楼梯下到底层，她发现面前是一条向下倾斜的长走廊。她想此刻最好不要站着不动，沿着昏暗通道，她快步走着，直到来到另一端的一段楼梯。她爬上去，眼前竟然是 Kosmodrome 2 设施的另一区域。

这与安妮迄今为止到过的地方完全不同。在她周围，一切都是亮亮的白色，灯火通明。它看起来和闻起来都像是医院。这里除了蜂鸣和有节奏的呼呼声，没有其他声音。从楼道上望去，安妮看不

出该区域靠什么支撑。这里没有无人机。也许这意味着没有受训人员来到这里。也许这是一个限制访问的禁区，所以并不需要同样的安全措施？

接着，她听到一串清脆的脚步声朝她走来。

安妮飞快地跳进一道门里，它在她身后关闭。房间内黑暗而安静，但那蜂鸣和有节奏的呼呼声更响了。安妮按了一下利奥尼亚的手表按钮，她可以用这道微小但很亮的光环顾房间。这里看起来排满了矩形的箱子，它们以平缓的角度倚靠在墙上。

她将手电光照向其中的一个。它大约两米高，宽约 70 厘米，箱面箱底都是白色，顶部有深色的磨砂玻璃。安妮可以看到箱子里有个东西，但她说不出那是什么。再看仔细些，她能看到箱子连接着

一系列的电线和管子，那些线路通往一个监视器，若干彩色波浪线定期在屏幕上流过。而那些管道似乎连着一个类似泵的机器，它一上一下，发出温柔的呼呼声。

安妮将手电光指向下一个箱子，它也是完全相同的设置。房间里每个矩形箱子看起来都相同，当通过电线和管子的某种输入和输出时，所有的箱子都有泵发出的轻轻的声音。

安妮的手电继续前行，在一个箱子前逗留了一会，那箱子的门开着，显然里面是空的。

脚步声越来越近了。她鼓起勇气问自己：那些箱子里是什么？那些关着的箱子里是什么？她再次将手电光对着那些关着门的箱子。

不！！她想，这不可能……透过昏暗的灯光，很难看清楚，但她确信自己看到一个什么的轮廓。

就在此时，她听到自己藏身的房间门外有声音。没有时间做任何事了，她跳进那个开着的箱子，关上门，她不敢冒险完全关上它，或许它可能永远打不开了。

房门开了，一道昏暗的灯光射进来了。透过玻璃，她看到两个穿白大褂的人走进来。他们似乎在检查连接箱子的监视器和泵。

"血氧水平正常，"她听到一个声音说，"气体交换性好，重量稳定，血压保持在健康范围内。"

一个可怕的熟悉的声音笑起来："所以医生，现在我们的志愿者们遇到的唯一的健康问题是他们睡熟了！"

医生说："如果我们把他们唤回来，他们将完全健康。""我们能做到这一点？"另一个声音询问道，"我们可以唤醒他们？"

医生信心十足地说："哦，是的，你任何时候希望结束实验，我都可以把他们带出假死状态。"

"是的，是的。你能够将他们安全地输送到阿尔忒弥斯？"

医生令人毛骨悚然地说："只要你一声令下。"

"我希望他们立即就能输送，"另一个声音说，"阿尔忒弥斯正准备离开。他们在'泡泡'里的生命——在这个星球上或其他天体似乎将不间断地继续！"

"告诉我，"医生说，"你怎么找到这个项目志愿者的来源？谁希望为在太阳系旅行进入休眠状态？"

但另一个又笑了起来，那是刺耳的，带有威胁的声音，全然与喜悦和幸福无关。"如果我想做，我可是非常有说服力的！"她说，"他们还没有意识到，他们可能会发现自己对本世纪太阳系最伟大的发现负有责任！他们可能掌握了生命本身的关键。"

医生听起来几乎有点怀疑："你究竟送他们去哪里？他们去哪里做这个伟大的发现？"

"哦，好吧，让我们来看看飞船把他们带到哪里！"她漫不经心地回答，"那将是怎样的冒险！既然来了，医生，还有很多工作要做。"就这样，两人离开了房间。他们离去时，关掉了灯。

他们一走，安妮立刻跳出箱子，她这才突然意识到那个箱子看着就像一口棺材。"他们是人！"她对自己说，开始打着哆嗦，"箱子里面是人！而且还活着！"

何为现实？

夜晚，你可能一直在做很棒的探险之梦，清晨你从梦中醒来，再次成为自己。你记起自己是谁，你目前的生活都回来了。你意识到自己之外存在外部世界，就是称为现实的东西。然后，你才起床。

这一切似乎很普通，不怎么令人兴奋。然而，这一切又关系到那个最困难的人类一直自问的问题：究竟什么是现实，什么是物质，什么是构成我们生活其中的空间、时间和物体的东西？

在千百年试图理解世界以及我们在其中的位置之后，我们仍未能真正解答这些难题。我们犹如水中游动的鱼，并未意识到身旁的水无处不在。这就是现实：我们生活其中，它无处不在，我们甚至是它的一部分——但我们不能看到它。

现在，你可能不同意，你会说自己看得非常清楚。你甚至可以触摸它，听到它，并闻到它。那么，事情就变得有趣了。那些观看我们的大脑，并尝试了解大脑如何工作的科学家被称为神经科学家。近年来，他们有一个重大发现——我们的大脑是如何感知现实的。

想象一下，你坐在一个黑暗的房间里。突然，屏幕在你的面前亮了起来，开始播放电影。你看到山、树木和湖泊的图像，你想那是多么奇妙的地方啊。然而，你所看到的图像是由计算机生成的，并不存在于你坐于其中的电影院之外。现在想象你戴上一副虚拟现实的谷歌眼镜，进入一个计算机生成的幻想世界，你可以与之互动——你能打仗或学习新技能。突然，电脑游戏成为你的现实世界。

这是你的大脑能感到的最大、最令人印象深刻的错觉。它说服了你，你正经历着头脑之外的世界。但那真正发生的是你大脑产生出你心中感觉的世界。你真正经历的只是一个仿真——虚拟现实。

换言之，当你醒来，你真的是在梦见你周围的世界！

现在你可能会说："好吧，好吧，但这并不重要，因为世界实际上的确存在于我的大脑之外。因此，我似乎是透过我大脑的墨镜看到现实。"

不幸的是，也并非如此！我们不仅不会体验到现实本体，而且现实自身也是一种幻觉。量子物理学作为科学的一部分，通过使用功能非常强大的显微镜放大至能看到原子的最小部分来试图理解现实是什么样子。迄今为止100多年来，科学家们一直试图了解量子物理学告诉我们有关现实本质的那些东西。

何为现实？

直到今天，因为量子实在是特别的场景，我们依然不知该怎么理解量子实在。由于量子物体不断改变它们的形状，从无到有，再消失为无，一切都处于变化之中。此外，一切总在瞬间连接其他的一切，因为一切都非孤立存在。而且只要看着现实，你——观察者，就能改变它的行为。

我们的现实就是建立在这个真正奇怪的基础上！我们看来并感觉似乎坚固的物体，大多只是由一些量子粒子飞舞其间的空虚的空间，并产生出物质的错觉。

这可能会让人大吃一惊。每天醒来的普通行为引起了我们不能回答的非常深刻和尖锐的问题：什么是现实，我是什么？一个聪明的思想家曾经说过："我可以肯定的仅仅是，我此刻遇到某种东西了。不过，我永远不能知道这某种东西是什么，而且我首先不知道'我'究竟又是什么。"

但是，也许我们对自己与世界的混淆来自一个很简单的事实。也许我们已经被告知如何思考世界的错误故事。或许那些幻觉令人信服，只有现在我们才非常缓慢地开始揉眼睛，并且意识到我们将幻觉当真的错误。

自人类开始，我们就认为，空间和时间是物体构成的宇宙在上面大显身手的舞台。在表演中，宇宙越来越复杂。然后，突然之间，从一个新发现的复杂中，生命出现了。最后，生命发展出人类的大脑，而我们的意识开始问这样一个问题："什么是现实？"

但也许这故事被讲颠倒了。也许我们未被抛到现实的舞台，并被期待去表演？也许是我们的意识推想出舞台，由此空间、时间和物体在上面表演它们的角色？你可记得在虚拟现实中计算机如何为你创建现实？类似的，你的头脑和思想也创造你之外的世界！

或许头脑其实与我们所经历的现实密切相关，犹如一枚硬币的两面。它们可以看上去非常不同，但实际上是一个更大的整体的一部分。难道这个世界和我们的头脑是由同一本质造就的现象吗？纯粹的信息场将它们组织起来成为物理的幻像？换句话说，如果我们更深地看自己的精神，是否与我们仔细端详现实的结构看到相同的来源？

或许现实，包括我们自己，最终被发现是一个巨型宇宙计算机运行的程序的一部分。宇宙现在已经成为虚拟现实的计算机，它计算着包括你自己的现实：一个开始于大爆炸，直到你读这句话时仍在继续的史诗般的传奇。

何为现实？

　　几千年来，哲学家和宗教人士都试图回答"何为现实"这个问题。现在，历史上的第一次，科学已经扩大了它的认识，刚刚开始揭示我们周围的一切幻像。有不少科学家在深入思考这些事情后，慢慢敢于相信以上提到的那些疯狂的想法。若那些想法属实，那将意味着我们人类理解现实和我们自身的方式将会有一个非常大的转变。不过目前，我们可以用两个答案回答"何为现实"来安慰自己。

　　其中之一是，现实比我们一直以来的想象更庞大、更丰富、更复杂。

　　或许更简短的回答可能是，"我创造我的现实！"

詹姆斯

第十五章

　　这天早些时候，当安妮出人意料地驾驶飞机时，乔治正试图应对虚拟月亮步行的挑战。这是一个限时挑战，他和伊戈尔必须从虚拟的月球表面上采集样本，并在登月舱离去之前返回，以免他们被落下。

　　伊戈尔起初一无是处，现在却表现出一定的优势，其中之一是他毕生投入游戏。对他而言，虚拟挑战很简单，而对乔治，难度就大多了，因为乔治的父母仍然限制他使用电脑的时间，并拒绝在家里的电脑上安装游戏。他的虚拟经验只有在树屋里用安妮的平板电脑，虽然那也很棒，但并没有使他真正够格做类似的高级电脑游戏。不过，乔治知道自己能够快速了解游戏规则和玩法，只要他一直集中精力在虚拟的月球漫步上，而不去想埃里克、阿尔忒弥斯航天计划和木卫二中的海洋生物。

　　即使乔治跟随简短的指示，在月球上移动着收集样本，他也知道自己在想其他的事。他完全分心了。当他假装参加虚拟宇航员比赛时，他试图弄清：那天晚上，埃里克来到 Kosmodrome 2 了吗？他和瑞卡·杜尔在木卫二的事儿上一决高下了吗？瑞卡·杜尔为确保埃里克无法找出更多有关阿尔忒弥斯的信息，她决意要除掉他？

175

为什么阿尔忒弥斯是这样的一个大秘密？为什么不能让我们知道？这究竟是为了什么？瑞卡·杜尔到底想要什么？

在那一刻，他感觉在现实中，他的小腿被狠狠地踢了一下，那是伊戈尔为了打破乔治的遐想，对着他的腿猛踢了一下。

"哎哟！"现实生活中的乔治惊呼着，痛得跳了起来，他穿着宇航服的身影在月球上抛出一些非常奇特的动作。但当看明白后，他才看到为什么伊戈尔给了自己这么猛的一击。他已经渐渐远离了登月舱，他必须转回来，急忙朝正在做起飞准备的登月舱赶过去。但当乔治竭力以最快的速度穿越月球表面时，他发现在月球走得仍不够快。登月舱门带着伊戈尔在窗口挥手的身影关闭了，乔治独自一人留在了月球上，他成为月球上唯一的人。

乔治摘了耳机，回到房间，重新与伊戈尔会合，他看起来生气得几乎要炸开了。

"我们本该获胜的！"他生气地说，"但你在月球上睡着了！"

"对不起。"乔治谦和地说。他也实在不能说其他的了。

"我们会被踢出培训项目，"伊戈尔气得无法将单词正确排序，"都是你的错。"

乔治感到刺痛。他已经开始喜欢伊戈尔，他不愿因为自己而使他飞往火星的梦想告终。他知道是他把训练伙伴拖累了，他真的觉得很难过。但乔治觉得好像他辜负了自己身边的每一个人。他辜负了伊戈尔，因为他在挑战中没有真正做出足够的贡献，他辜负了安妮，因为他不能解开 Kosmodrome 2 之谜，他也辜负了自己，因为在看起来有很大的机会时，他每次都表现不佳。

乔治果断地认为是改变的时候了。他无法改变过去，但他可以通过适当的努力改变当下，进入 Kosmodrome 2 找出一些线索，帮助他和安妮弄清楚在这个奇怪的太空港所发生的一切。

"我的意思是，你缺乏战略眼光，你没有脑力，"他们走回睡眠舱时，伊戈尔无聊地说，"你无法提前计划行动，你不专心按规则玩，你不对自己的行为负责，你显然无法在一个不确定的环境中解决问题……"

"我明白，伊戈尔。"乔治说。但是，即使他还感到忧郁，他注意到一个有趣的事。这一次，他们没有被无人驾驶飞机跟踪。想到这点，乔治立刻高兴起来，这意味着这是证明自己的时候了，他不只是一个乘客或空间的废物。他会告诉大家自己也是一个有用的空间公民和地球居民。他要探寻出这里和木卫二上到底发生了什么。乔治想其他人可能赢得挑战，但他才是那个解开 Kosmodrome 2 核心谜团、解决一切与之相关难题的人。

"我想去散步。"他轻描淡写地说。

"随你便。"伊戈尔说。但他的口气已经软了。尽管他挺烦乔治，他不禁想起乔治关心他的时光，或者是他挺好的朋友，伊戈尔从未有过的那一种朋友。伊戈尔还注意到，看不到通常徘徊于睡舱外的无人机。"如果无人机返回，我就代你哄它。"

"Spasibo（谢谢）。"乔治感激地说，用他在一次挑战中学会的俄语。

"Ne za shto（不客气）。"伊戈尔礼貌地回答，努力挤出一丝

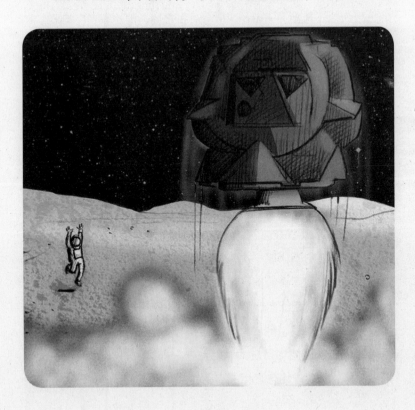

微笑。

乔治想，离开伊戈尔，走在自己要去的路上，至少不会被那有血肉的 Kosmodrome 2 的工作人员抓住。和安妮一样，这几天，他已经注意到 Kosmodrome 2 的工作人员似乎越来越少。刚开始的那几天，Kosmodrome 2 的人无处不在。但随着日子一天天过去，几乎没什么人留下来，只剩下机器人了。

以往工作人员的人数几乎与竞争者数量相同，现在当他们进行挑战时，只有一个 Kosmodrome 2 的工作人员独自照看所有的宇航学员。乔治问过其他工作人员去了哪里，回答只是苦涩而又神秘的"紧缩措施"。

乔治沿着走廊蹑手蹑脚地走着，边走边想该往哪个方向去，在哪儿最有可能找到安妮。他正琢磨这个时，他感到一只手，或者更确切地说是个钳手，放在他的肩膀上。那显然不是人类的，透过自己薄薄的蓝飞行服，乔治能感到那个放在自己肩膀上的东西是金属制成的，没有骨肉。他的心立刻怦怦地狂跳起来。但他深深吸了口气，强迫自己转身面对身后的——无论是什么。

无论他期待的是什么——肯定不是这一个。

那是一个机器人，塔般高大，他和 Kosmodrome 2 四处晃荡的机器人同型，那是他和安妮看到的并已经熟悉的样子。它有着相同的块头，细胳膊细腿，全都接在一个立方体状的箱子上，那个箱子就是机器人的身体。他和安妮过去曾在一艘绕地球轨道的神秘隐形飞船上遇到过同型的机器人！这些机器人是从世界各地的打印机网络上，3D 打印出来的，表面光滑，闪着银色光泽。

但这个机器人看上去像在炉中煮过！它的金属扭曲、变黑，钳

手部分已融为奇怪的形状，它畸形的头在金属脖子上松松垮垮地挂着，但它脸上的表情仍清晰可见，尽管这几乎是最令人震惊而恐惧的部件，但那机器人在微笑。

"你好，乔治！"它用快乐的声音说道，"再次见到你，真奇妙！"

"布莱恩！"乔治非常惊讶地说，"玻尔兹曼·布莱恩！那个著名的漂亮机器人！真的是你？"

"正是。"玻尔兹曼回答，它向前倾身，拍着乔治的另一个肩膀。这个亲热的姿态却让乔治感到很痛，因为机器人用它扭曲的钳手相当重地拍了他。

"你在这里做什么？"乔治非常惊讶地说。玻尔兹曼·布莱恩被

造出来是有知觉和情感的，它是万亿中才有一个的机器人，它的一切都全方位地趋近最好。它的主人邪恶玉衡天璇很快就厌倦了它，决定永不再制造另一个善良的机器人，这就是为什么他制造的机器人军团里都是些富有进攻性、卑劣和愤怒的家伙。

"你是怎么逃离量子飞船的？我想它已经在太空爆炸了。"

"哦，亲爱的，是的，"玻尔兹曼说，"飞船爆炸时——谁曾想到——我空降到地球上。"

"你跳伞了？"乔治说，感觉有点内疚。他毕竟是造成飞船炸毁的主要原因，船上还留有玻尔兹曼和其他机器人。

"我从太空跳下来，如果你愿意的话，"玻尔兹曼说，"你知道，人类就是那样做并存活的。唯一的区别是他们从太空的边缘跳到地球上，而我实际上是从太空中一跃。"

"你怎么做的？"乔治说，他护目镜中的眼睛睁大了，惊奇地几乎说不出话来。

"穿过地球大气层时，我有点烧焦了，"玻尔兹曼承认道，"如你所见，尽管我真的认为那些烧伤不是很明显。我的金属不在巅峰状态。他们答应过给我的甲壳升级，但至今还未兑现。"他伤心地叹了口气。

"但你为什么会在这里？"乔治慢悠悠地问道，"玻尔兹曼，你为什么会在 Kosmodrome 2 ？"

"哦，那很简单！"玻尔兹曼振作起来，很高兴能够回答乔治，"我和我的主人在这里。"

"你的主人？"乔治以极少的高声问道，"你的……主人？"他不敢相信听到的，"你是说——你的主人？"

"是的！"玻尔兹曼高兴地确认。

太空跳伞

当你乘坐航天飞机去太空，你穿越这一条线，这条线似乎划分地球大气层的蓝色与太空的黑色。这就是所谓的卡门线，它位于地球表面上方 100 千米处。它标志着太空的开始！

地球的大气层不是在这条线上突然就消失了，然后你就在太空了——那不像你把头伸出窗外！不是那样的。大气层只是变得稀薄了，但卡门线是标志着"太空"正式开始的地方。

做太空跳伞或太空跳跃，就是你在卡门线以上从航天器或热气球里跳出，然后自由落体向下，穿越太空进入地球大气。进入大气层时，你的降落伞最终会打开，带着你降落地面。

这项活动具有令人难以置信的危险性！的确有几次太空跳伞最终致命。

谁拥有最长的太空跳伞纪录？

· 1960 年：这个纪录是由美国上校约瑟夫·维特格创造的。维特格上校是一个高空纾困飞行员研究项目的一部分。他的确从一个氦气球三级跳，在地球上空垮越了超过 31 千米！后来维特格上校记录下的旅行速度也是不可想象的。

· 1962 年：苏联上校叶夫根尼·安德烈耶夫创下了自由落体的新纪录。相比此前的任何人，他更晚地打开降落伞。但叶夫根尼·安德烈耶夫从机舱里跳出了 25.48 千米的长度，这个长度不如维特格，约瑟夫·维特格依然保持了最长的高空跳伞纪录。

· 2012 年：直到 21 世纪初都没有人打破约瑟夫·维特格的最长跳伞距离和叶夫根尼·安德烈耶夫的最长自由落体纪录。菲利克斯·保姆加特纳从 39 千米的高度下跳，一口气打破了两个纪录。

· 2014 年：菲利克斯·保姆加特纳没能持久保持这个世界纪录。仅仅两年后，计算机科学家艾伦·尤斯塔斯就抢走了他的风头。尤斯

太空跳伞

塔斯只需 15 分钟就完成了下降超过 40 千米, 其速度峰值达到每小时 1323 千米, 从而创造了最高最长自由降落跳纪录。当他穿越音障时, 地面上的人们听到了轰轰的声音。

· 珠穆朗玛峰是世界上最高的山峰, 高约 8.5 千米。
· 飞机的飞行高度一般在 11 千米以下。
· 因此, 如果你正在飞机的窗口往外看, 某个太空人可能正越过你下落!

目前一家太空旅行公司正在研究一种特殊的服装, 它将用于从更高的高度跳伞!

但这些服装不是为搞噱头或破纪录, 而是为需要救援的宇航员而开发, 作为紧急救助出口, 帮助他们以自由落体方式返回地球。

那真正是用于救命的。

"但这不可能！"乔治说，他的脸变白了。玉衡天璇，玻尔兹曼的主人，是一个非常聪明，但很邪恶的人。他曾试图通过显示假仁慈来控制整个世界。这不可能是真的，乔治想着，深感恐惧，玉衡天璇在这里，在 Kosmodrome 2。如果这是真的，他们遇到的麻烦将比他想象的更多。

在所有的宇宙探险中，玉衡天璇是乔治和安妮面临过的最足智多谋、最坚决、最能操纵他人的对手。因为乔治假定他们像世界上其他人一样是安全的，他们被安全地保护起来，而且永远如此，永远不会受到玉衡天璇的伤害，乔治从未想过玉衡天璇可能以某种方式参与了 Kosmodrome 2 的秘密。

"我以为你的主人在……监狱里！"他结结巴巴地说。

"他过去在！"玻尔兹曼简直不相信似的说，"一定是搞错了。他是这样一个可爱的人，我的意思是人类的那个人字。"

乔治想知道为什么机器人会那样自我纠正，但他还是放过它了。还有更重要的事值得追究。这是有史以来最严峻、最可怕的消息。乔治意识到如果玉衡天璇再次越狱获得自由的话，他们都可能处于可怕的危险中。乔治谨慎地猜测道："你帮他越狱了？"

"当然！"玻尔兹曼自豪地说，"我配备了一个特别的寻找装置，无论我主人在哪里，我都能找到他所在的位置。一旦我坠落到地球上，一旦我把自己整理好……"

"你在哪里降落？"乔治问。

"在罗马尼亚深山的一个农场的稻草堆里，"玻尔兹曼说，"我花了好久才从那里面爬出来。"

"你怎么会到这里？"尽管乔治已对所有的消息感到惊骇，但想

象着看到天空中掉落一个燃烧的机器人的情景仍然使他惊奇不已。

"我走来的，"玻尔兹曼高兴地说，"这是做机器人的好处。机器人很容易到处走走。"

"难道没有人注意你？"乔治问，他想知道一个两米多高的机器人是如何试图跨越整个欧洲而未被发现或被阻止。他要一直和玻尔兹曼说话，拖延时间，同时想下一步做什么。

"我在夜里行走，"玻尔兹曼说，"如果人们发现了我，我就变成一堆破烂，他们就不理我了。"

"就像一个变身？"乔治说，想象着一个机器人突然把自己折叠起来，变成一片垃圾躺在路边。

"没错，"玻尔兹曼说，"每次都见效。"

"你怎么横渡英吉利海峡？"乔治问道，"唉，算了，你可以以后再告诉我，哇，我希望你拍下你的旅程。"

"我拍了，"玻尔兹曼说，"我可以放给你看……"

乔治意识到别无选择，只能面对真正会毁灭的前景，玉衡天璇本人可能就在此地的某处，情况比他想象的还要复杂危险。

"布莱恩，"乔治说，"你从监狱放出玉衡天璇，他去哪儿了？他现在在哪里？"

"在哪里？"玻尔兹曼说，看起来挺困惑的，"我想你一定知道。我想这就是为什么你也在这里。"

"我为什么在这里？"乔治嘟囔着，他想知道机器人的话中可能的含义。

"在这里，"玻尔兹曼说，"玉衡天璇，我的创造者和控制者，就在这里。他负责 Kosmodrome 2，玉衡天璇是——"

第十六章

在医院区域里，安妮依然恐惧地盯着那些箱子。

试试打开其中的一个，证实一下她怀疑的里面躺着什么。这念头在安妮脑子里一闪，但随即她就意识到那不是好主意——生命维持系统可能复杂且柔弱精细，她可能会搅扰了他们。安妮突然有了一个可怕的想法：最大的那些箱子里有三个"人"，大箱子两旁的小箱子也是……

安妮走近其中的一个小箱子，把眼睛贴在玻璃上。不会是吧？会是吗？不，她坚决地对自己说。她妈妈在某个音乐巡演中，离她

很远。乔治的爸妈和他们的两个小孩在某个生态农场度着美好时光，三个大的，两个小的，仅仅是巧合。那肯定是巧合，她非常严肃地对自己说。无论如何，她一直收到妈妈的短信，告诉她有关音乐会的事：长长的飞行、旅馆、外国食品和乐队的其他人。正如乔治一直有来自法罗群岛岛上种地的信息更新，夹杂着他父母有关家庭事情的片段。无论这些箱子里是谁，他们与安妮的家庭或乔治的家庭没有关系。可能他们——犹如瑞卡所说的——是一些志愿者，自愿投入医学研究的。安妮努力安慰自己那肯定是志愿者，虽然对此她并不十分信服。

她发现房间的另一边还有一个孤独的箱子，它也关着门，但所有机器都在运行。记起来瑞卡说这些箱子准备装入阿尔忒弥斯，而阿尔忒弥斯准备发射，安妮盯着那个孤独箱子。这一切意味着什么呢？他们原以为阿尔忒弥斯仅指去木卫二机器人钓鱼的探险，一次用机器人从太阳系捕捉生命的尝试。然后在一瞬间，她突然记起第一次谈到阿尔忒弥斯，他们是怎样谈论的。阿尔忒弥斯，送人类进入太空，研究是否在太阳系有水的卫星的汪洋上存生命！阿尔忒弥斯用人类探险者调查生命形式，不仅机器人！那么就是这些神秘的箱子，那里面显然装了"志愿者"，为长途太空旅行，把他们放在睡眠状态。这是否意味着他们将被送往木卫二？他们真的是自愿者？他们会回来吗？或者只有他们收集的数据被传回地球！他们几乎知道木卫二不能很长时间地支持人的生命，所以一旦他们完成了瑞卡·杜尔的任务，那么盒中的"宇航员"会发生什么呢？

在医学上，假死状态是现实的吗？

在现实生活中，假死仍是科学幻想。在长途太空旅行期间，宇航员无法像土拨鼠那样休眠。人们无法睡 100 年，醒来时依然年轻，犹如睡美人中的奥罗拉那样。但未来这都可能实现。今天，科学家们正在研究假死，医生用类似假死的方式来帮助病人。

在科幻小说中，通常假死的目的是让在睡舱里的人们保持年轻健康。在长时间太空航行中，他们睡着时，身体变冷，不进食，几乎不呼吸，心跳很慢，他们的身体只需极少的能量和氧气。

现实生活中，同样的事情发生在冬眠动物的身上。它们在几周长的时间里进入深深的、冷冷的睡眠中。科学家还认为，它们的冬眠可能延缓衰老。因此，当你读到宇航员睡几十年后，醒来依然年轻的故事，那可能在未来会成为现实。

自然界的老鼠不冬眠，使用一种叫作硫化氢的气体，科学家们可以创造一种几乎假死的状态（也被称为"冬眠状态"）。气体使它们睡着，它们的体温会下降 11 摄氏度，它们只使用正常量 1/10 的氧气。可以保持这种状态 6 个多小时，醒来时身体健康！

当人类不小心被困在非常寒冷的地方时，他们可以进入低能量状态。偶尔，人藏在飞机轮舱里，拼死逃离坏地方，或急于前往新的地方。通常他们会被摔死，或者飞机到达高空后，因极端寒冷和缺氧而死，但是在一段时间里，他们不会被冻死，他们陷入类似冬眠的状态。同样的事情也会发生在非常寒冷的水中溺水的人身上，或雪崩事故里被埋的滑雪者。

因为医生知道寒冷可以保护大脑，他们有目的地使人体变冷。当一个人的心脏停止跳动，往往用特殊药品和电击重新启动。但那之后，这个人必须放在低温的状态，那就意味着低体温。人处于睡眠状态时，体温会略低——略低于正常体温几摄氏度。当一个人头部重伤后，我们常见医生使用低温或特殊药品，或两者都用，使人进入昏迷——大脑处于低活动状态。

外科医生们还会用更极端的低温冷却，使病人体温只高于冰点以上几摄氏度。这是一种假死，但新的治疗已经有了更多的听起来更医学的名称：因创伤引起的心脏骤停的紧急保护与复苏（EPR-CAT）。它用于严重受伤后失血很多的病人，即使血液不流经脑部，人还能活两三小时！这可以让医生有时间来修复损伤。

在医学上，假死状态是现实的吗？

EPR-CAT 离能让你到另一颗恒星系统的假死状态还有一段很长的路要走，但它可以算作第一步。研究人员认为，EPR-CAT 将会用于人类，因为他们已经对狗和猪进行过测试。如果它确实对人类有用，那将是很好的理由去努力改善它，改变技术使人们有比 3 个多小时更长的冬眠。当我们了解更多后，人们可能会进入数天、数周、数月甚至数年的冬眠状态。

这是一门有价值的研究，将由未来的医生和科学家，比如像你这样的人来进一步发展。

那时，在你有生之年肯定能看到，这样的研究发展帮助宇航员应付离开地球的旅行挑战……

大卫

有关 2025 年那个伟大太空任务的所有谈话都是掩人耳目，一瞬间，她明白了。她愤怒地想道，下一个主要的载人航天飞行任务，会早于 2025 年发生，比任何人知道得都早。安妮已经看到过等待在发射台上的飞船，安妮听到 Kosmodrome 2 的工作人员不小心提到那只飞船就是阿尔忒弥斯。现在她已经偶然发现了那沉默的、无疑是不情愿的、载人的货柜将被放入阿尔忒弥斯。安妮意识到已经没时间可浪费了，她必须立刻去任务控制中心。

　　同时，乔治正与一个和蔼却危险的机器人走向任务控制中心。

　　"我的主人会很高兴见到你！"他们走着，玻尔兹曼热情地说。

　　"我表示怀疑，"乔治脱口而出，"他上次见我时可不怎么高兴。"

　　"哦，好吧，发生过一些事情，"玻尔兹曼神气十足地说，"他那么善良，我想他会原谅你上次的事。我敢肯定，你可以解释一下那完全是误会，当你向他说你多么过意不去，他将会很乐意与你交个朋友。"

　　乔治说："哼。"他完全怀疑玉衡天璇会高兴见到他，或者和他成为朋友。

　　而且乔治并不后悔自己抵抗过玉衡天璇，因此无论如何，他绝不会道歉。但他肯定懊恼地想可能不得不再见到玉衡天璇。乔治完全能意料他和安妮与一个古董计算机一起努力打败那个魔鬼般的计划，最终粉碎了玉衡天璇统治世界的构想，玉衡天璇对此依然气得不得了。

　　乔治和玻尔兹曼走向控制中心时，整队机器人似乎也在向同一方向走去。机器人看上去对乔治或玻尔兹曼并不感兴趣，这并不奇怪，乔治想到它们的程序里没有注意到环境变化的能力。但乔治也

190

看到了这群机器人全是银色闪亮、完全相同的，完全不同于熏黑和
扭曲的玻尔兹曼，那群机器人中没有一个人类。

只有机器人。

当他想到除了自己和火星培训计划年轻的候选人，也许没有其
他人类留在这个空间计划设施里，他感到不寒而栗。如果这里只有
他和一帮孩子来对付不知现在在哪里的玉衡天璇和那些凶猛的机器
人武士，会怎样呢？

"你已经打败过他，那次只有你和安妮，"他对自己说，"你还可
以再打败他。是的，你能。"

任务控制中心是 Kosmodrome 2 的建筑物中规模最大、最核
心的部分，他们到达那里时，乔治停了下来。他抓住玻尔兹曼的

"手臂"，也让他停下。

玻尔兹曼喜气洋洋地说："来吧，你不急于见到我的主人？别停下来！"

"我很高兴看到他，"乔治撒谎道，同时他以光速飞快地想，"但我想尽可能地让他有最好的印象。"

任务控制中心外，某种放射性的光从里面照出来，即使在这半明半暗中，乔治也能看到玻尔兹曼机器人的脸似乎笑逐颜开。

"哦，绝对！"玻尔兹曼热情地同意道。

"我想……"乔治开始说废话搪塞着。他根本不知道这是否是一个好主意，但进入任务控制中心，落入疯狂的玉衡天璇的魔掌却是能想到的最坏的计划。任何其他主意都比那个好。"在他见我之

前，我想看看玉衡天璇怎么样，这样我就能机智地同他讲话。否则，如果他向我解释一切，他只会觉得我真的很愚蠢。"

玻尔兹曼机器人皱起眉心，看来他很担心。

乔治说："任务控制中心里有什么地方，我可以看到玉衡天璇，但他看不到我，在我向他打招呼之前，我能听到他对其机器人所说的话？"他满怀希望和期待地望着玻尔兹曼。

令他感到欣慰的是，玻尔兹曼的眉心舒展开了。"夹层的阳台上！"他说，"我可以带你到阳台上，从那里你可以观看我那特棒的主人，他就在任务控制中心一楼。这样行吗？"

玻尔兹曼是如此热衷于跟随自己的程序，待人很好，乔治觉得欺骗他挺不好的。"他只是一个机器人，"他严厉地提醒着自己，"不是活人，他并没有真正的感情，所以你不能伤害他们。"即便如此，当乔治凝视着玻尔兹曼模糊不清，但仍然天真无邪的脸时，还是很难硬下心来，他提醒自己正在对付的是一台机器。他意识到玻尔兹曼处于人类与非人类的分界点上，他区分了人与机器，而且还很难知道该如何对待他（或者甚至用代词的"它"）。一个有情的存在，他由技术产生，由机械零件组成，但似乎显示了人的情感？乔治晃晃头，让自己回到现实。现在绝不是探讨必须像人那样去对待机器人而分散注意力的时候。

"太好了，"他说，"带我去那里，玻尔兹曼，你是有史以来最好的机器人。"

第十七章

从俯瞰整个任务控制中心的阳台上，乔治可以看到一排排电脑显示器和满是屏幕的墙壁，就像他第一次来到这里一样。

此时计算机完全一样，屏幕也在同一位置，但控制室的气氛非常不同。它仍然是满满的，但这里没有兴奋的孩子或喋喋不休的父母，没有幸福、紧张、兴奋和喜悦的嗡嗡声。仅有机器人在房间里各就各位发出的铮铮响声，呼叫信号持续的声音。

透过阳台的边缘，乔治窥探过去，他能看到自己的担心是真实的。楼下那些移动的东西都是机器人——其中没有一个人类。而且它们不是对人类友好的机器人——像那个可怜的受了伤的玻尔兹曼。它们的身躯威武而光滑，正如他和安妮曾在月球上碰到的那样，它们都是相同品牌和型号。他努力不发出声响。难道机器人通过革命已经接管了 Kosmodrome 2？埃里克被迫离开与这有任何关系吗？

乔治并没有等待更长的时间就得到了答案。仿佛被施了魔法，一个孤独的人类出现了。就在任务控制中心，站在很多大屏幕下，而乔治早先看到的大屏幕都在展示不同的空间画面。屏幕上最后展示的是太空中许多地区对比的影像，它们来自金星的火山，冥王星

的冰冷氮冰川。其中只有一个是木卫二。现在所有的屏幕都在展示同一个地方——一个陌生的蓝晶晶的世界，光仿佛透过黏稠液体过滤而至，那里光线淡淡的。

他没有时间去想那是哪儿，是木卫二的内部？——玻尔兹曼用扭曲的金属手指捅了他一下。"看！"他兴奋地低声说，"那是我的主人！那是玉衡天璇！"

穿过阳台边，乔治更仔细地看下面那个小小的，现在看来挺熟悉的人影，所有的机器人自动转过去，面对那个人，明显地等待着下一个命令。毫无疑问她是这里的负责人。"但是……"他已经认出那个人，但却发现很难将所见与所知联想起来。现在他感到非常困惑，"我不明白。哪个是玉衡天璇？我看不到他！"

"你们人类的眼睛不可能坏到这种程度吧！"玻尔兹曼说，"作为表达对你的关心，虽然我以充满爱和善良的方式这样说话。你怎么能看不见我的主人？他就在那里，中间的那个。"

"那个站在中间的人——"乔治慢慢地说，"你确定站在任务控制中心的那个人就是玉衡天璇？"

"当然了，我敢肯定，"玻尔兹曼说，现在听起来它有些生气了。"你知道我没有说谎的程序。但如果你要我说服你，我去叫我的主人？"

"不不不！"乔治急促地小声说，他绝不想让底下的那个人注意到他，"我敢肯定，你说得对！但同时——你不可能对！那不是玉衡天璇！这是瑞卡·杜尔。"

当乔治从任务控制中心的阳台往下看时，安妮正从下面接近同一目标。地下隧道将她带到这里，她试图通过它离开医院区域，却发现自己身处一个昏暗的隧道十字路口，她想一定是莫名其妙地拐错了弯。

这些隧道看来像是建成已久，砖墙已摇摇欲坠，天花板和潮湿的墙面长满了青苔，巨大的蜘蛛网从一面墙延伸至另一面。她向右走，走过其中的一个通道，薄薄的蛛网蒙住了她，她疯狂地将嘴里和头发上的网丝清理，花了几分钟才扯干净。她勇敢地继续向前，她并不知道向哪里去，只有利奥尼亚的手表发出的微光指引着前面的路。她脚踩着泥泞向前，想着为什么 Kosmodrome 2 会有这些肮脏的地下隧道？

然后一个激灵，她以为自己听到快速而轻盈的脚步。它们似乎就在她身后，她更快步向前，但奇怪的是通过地下道传来的脚步似乎突然又冲她而来。安妮很快地后退，与向同一个方向飞快地跑去的某人相撞……

另一方面，乔治好像生了根似地站在那里。他能清楚地看到下面站着的活泼俏皮的瑞卡·杜尔，她穿着紧绷的蓝飞行服，金发被精心地打理过了，嘴唇涂着明艳的胭脂红。很显然她是任务控制中心唯一的人类，但玻尔兹曼全神贯注极为投入的表情却告诉乔治下面站着机器人的主人。可乔治就是看不到玉衡天璇，难道他是无形的？难道他成功地解体而非以人形浮动空中？这到底是怎么回事啊？

"朋友们，机器人们和同胞们！"瑞卡说，显然她很享受这一刻。她的机器人观众与玻尔兹曼一样都显得那么兴奋。"我们正要处于地球最伟大的故事开始的时刻，我们即将完成一个令人难以置信的壮举！该翻盘了！现在是时候了，我的朋友们！该我们来掌管了。"

最初，乔治仅仅不明白瑞卡干嘛要像主持人似的对着一群机器人那样讲话。不久，他就注意到携带摄像头的无人机在瑞卡的头上震颤着，在任务控制中心飞来飞去，就是在挑战项目中用于监视学员的那种无人机。难怪他当晚穿过 Kosmodrome 2 时，几乎没有什么无人机。显然瑞卡把它们都招到这里，全方位无死角记录下她的每句话。现在他明白了，瑞卡是在给自己拍电影，这是瑞卡的大日子，她的话并非是对机器人说的，而是对着未来的观众。

瑞卡继续道："在遥远的地方，我们已经准备从太阳系里的一个行星上抽取生命。在那个位置上，我们已经确立找到生命的很高的可能性。"乔治惊奇地睁大了眼睛，看到墙上的屏幕上展示着他熟悉的画面，机器人在看似冰原的地方工作着，那片冰原除却一个大冰洞，向远处无尽地延伸开去。机器人似乎是在那个奇怪的外星世界

的冰下一个黑色液体的周围捕鱼。随着摄像头向外平移，乔治可以看到机器人已经在冰上凿了几个新洞，他们正在扩大其中一个。

瑞卡·杜尔继续向她未来的观众解释着："这意味着我们可以开始阿尔忒弥斯航天计划的第二阶段，但悲哀的是，由于当前全球范围的广泛无知，我无法用现场直播很好地解释那个秘密任务。"

"阿尔忒弥斯！"乔治对自己说，"我们是对的！"

瑞卡继续道："大部分挑战是如何进行阿尔忒弥斯计划，而不让那些无知的傻瓜挡道。我们必须毫不迟疑继续下去。对于我有远见的总体规划而言，任何耽误都将是致命的！如果我没有打发掉那些用他们的道德委员会来反对我的无趣科学家，这个计划永远不会得到批准。

"但我已经取得了胜利，Kosmodrome 2 是属于我的！我发送装有人类的飞船到木卫二上面去建立一个临时殖民地，以便他们能够帮助我的机器人调查这个最迷人的木星卫星上生命的存在。随着航天计划时间的流逝，他们中的一些成熟的幸存者将达到巅峰时代。那些我已经装上飞船的都是才华横溢的年轻宇航员，他们将能够完成所有任务和实验！如果他们不能做到，为防万一，我会派出后备队！

"什么都不能阻止我们调查木卫二上的生命起源。因为一旦真正理解这一生命现象，我们就会知道自己的生命是如何开始的！一旦我们知道生命是如何开始的，我们可以组成我们自己真正的生命形式。我可以让你们全部成为活人——你们不再是机器人了！因为我会将生命赋予你们，你们成为生物，我的忠实仆人，勇敢的军队。我会送你们去木卫二，在那里，我的'人类'仆人们将使你们梦想成真。"

机器人欢呼着！他们已经等不及成为真正的生命，不再做叮叮当当的金属机器人了。

"这些外星人的生命形式，"瑞卡解释道，"将有助于我们了解在空间和地球上生命开始的过程。一旦我们了解了，我们将统治地球！整个星球将是我们的。我们将拥有地球，这个在太阳系中最自然适用于生存的地方。这个有水的星球——地球，将是我们的，但另一个重要天体，木卫二——木星的蓝月——也将属于我们。我们绝不能停下！我们所选的任一星球都会成为我们的。火星可以是下一个！这样，当其他的空间机构或国家终于能到达另一个行星或卫星，猜猜会发生什么！我们将已经是第一个到达那里的。当他们跳下航天器，发现我的人类或人类机器人已经在那里了，难道不是可爱的惊喜吗？"

通过瑞卡真正令人恐惧的话，乔治还注意到了其他的一些事。她的声音似乎越来越粗了。他看着玻尔兹曼，试图寻求有关这一切的解释。谁离开太阳系，而且永不回来？阿尔忒弥斯的使命是什么？瑞卡究竟是什么意思？玉衡天璇在哪里？他转过身想问问玻尔兹曼，正当他这么做时，他意识到可怕的事情发生了。一个无人摄像机似乎感测到夹层阳台上的

动静。

当他发现自己正面对着一架徘徊的无人摄像机，立即就被捕捉到了，乔治张大嘴巴的画面被传送到任务控制中心的所有屏幕上。图像从太阳系中的冰冷的卫星突然切换到乔治脸的特写，这可不仅仅给了乔治有生以来的巨大震撼，而且使房间中央的扬声器戛然而止，紧接着是让人全身血液凝固般号叫的反馈，随后从一层传来极响的喊声：

"抓住他！"

第十八章

在地下隧道里，安妮张嘴尖叫着，但她身后的人太快了。一只狠手牢牢地捂住她的嘴，不让她发出任何声音。

"安妮！"一个熟悉的声音，"是我！利奥！别出声！"

安妮松了口气。毕竟她没被捉住。利奥尼亚拿开捂住安妮嘴巴的手，安妮转身面对着她的队友。利奥尼亚在这里做什么？她怎么找到她的？

好似正在读安妮脑子里想的，利奥尼亚抬起手腕上那个与安妮相同的手表："这手表！它有一个跟踪仪。你没有回来，我决定跟着你。"

"你没告诉我，你有两只手表。"安妮抱怨道，恢复了一点回话的气力。

"我不知道能不能相信你。"利奥尼亚平静地说。

"嗯，真有你的！"安妮哼了一声。但她不得不承认她对她也有同样的想法。

"但当你能驾驶飞机着陆时，我知道你有为善之力。"利奥尼亚在黑暗中笑着。

"嗯，好吧，这也是我想到的，只有你。"安妮说，想到这下自

己也清楚了。

"那么，发生了什么？"利奥尼亚问，"你发现了什么？"

"好吧，我们知道有些事不对劲，"安妮说，"因为没有训练营会让一帮孩子自己乘飞机上天。"

"同意，"利奥尼亚说，"虽然真的很有趣，也许就该是这样的吧。"

"不对。"安妮说，对利奥尼亚如此轻率而感到惊讶。

"我只是开玩笑啦。"

"哇，你越来越爱开玩笑了。"安妮说。

"那很有趣。我一直都不知道……"利奥尼亚说，"还有唱歌跳舞……"

安妮坚决地说："反正我听到有人在哭，因此我就去看看。但我认为那是一个圈套——引诱我们晚上到处走动——因为机器人警卫出来了，抓住一个正好走动的女学员。"

"今天晚上到处都是机器人，"利奥尼亚哆嗦着说，"我不认为有任何其他人留在这个空间设施里。你认为那个机器人把那个学员弄到哪儿去了？"

安妮冒险一猜："我想在这些地下隧道里的某个地方，我们现在在哪里？"

"你不知道吗？"利奥尼亚听起来很惊讶，"Kosmodrome 2 是建立在第二次世界大战时的一个武器制造厂上的。为了让工人可以四处走动，不必担心轰炸，它建有地下隧道。这就是为什么这是一个秘密位置。在战时，它被标上'隐藏状态'，战争结束了，但这里依然保持秘密状态……"

"这就是为什么任何地图上都查不到！"安妮说，"你认识地下的路吗？"

利奥尼亚哼了一声。"技术上没实践过，"她说，"但我有空间思维的特别才能。即使我从未到过那里，我也能找到我要去的地方。"

"基本上就像你吞了个卫星导航。"安妮说。

"基本是吧，"利奥尼亚同意道，"你想去哪里？"

"任务控制中心，"安妮说，"如果世界上有个地方，我们能找出真正发生了什么，就是那里。我希望也能在那里找到乔治。"

利奥尼亚说话算话。她带着安妮无声地走过阴暗的、臭臭的地下隧道，她总知道选哪个出口，她们走到另一个走廊尽头，此时可以认出这里就是任务控制中心所在的建筑。

"现在去哪儿？"当她们站在走廊上，利奥尼亚问道。她们能听到来自任务控制中心的声音。

"不在这里，"安妮摇摇头说，"我想我们直接走进去。哦！"她记起来她和乔治晚上走过，还有他们怎样看到主楼另一边的那排办公室，"我知道了！这么走。"现在她带路了。

当安妮试着打开埃里克的老办公室门时，这一次它开了。里面黑暗凉爽。一张桌子放在房间的中间，上面不再被纸捆、书籍、旧茶杯，还有埃里克在科学家漫长的职业生涯中赢得的有趣形状的奖品所覆盖。黑板仍在，上面写满了埃里克用粉笔写的弯弯曲曲的数学公式，表达着他对宇宙如何形成的想法。但其余一切都已经过去了——就像在家里，所有埃里克的有关文件已被删除，或放到了某个地方……

安妮站在房间的中间，努力思索，这里肯定有些东西能够帮助

她们。她打开柜子，惊讶地发现空空如也。

"你在找什么？"利奥尼亚问。

"任何东西。"

"比如这个？"利奥尼亚说，递过来一个银色的平板电脑。

安妮说："我的天！你在哪里找到它的？"

"就在这儿。"利奥尼亚指着书架。

"我的天！"安妮又叹了一声，"就是它！"她走过去，按下开关才意识到 Cosmos 已是开启状。

"总算打开了。"

听到计算机讲话，利奥尼亚吓了一大跳。

"我一直在想，你需要多长时间。"

"什么？"安妮说。

"我一直在给你发消息，"Cosmos 继续说，"好了，至少有一个信息。"

"我没有电话，"安妮说，"或平板电脑，他们不让我们上网。"

"哦，我知道了，"Cosmos 说，"毕竟我是世界上最聪明的电脑，或者说直到最近，我很多功能已经被下载到一台次等电脑上。这就是为什么我试图通过不同的方式传给你一些重要的信息，以便我们不会永远丢失它。"

"你怎么发送的？到哪儿？"

"你在太空营时，我给你发了一封'家'信。"Cosmos 说。

"哦，"安妮说，"你确实发了！"她把手探到衣兜里，掏出一张很皱的纸。"就在这儿！你是什么意思？"她突然意识到超级计算机说过，"你已经被下载到一台次等电脑上了？"

"我，"她的超级计算机很夸张地说，"不再是 Cosmos 了！"

"是，你是！"安妮说，"看，你还有我在六年级时给你贴的花纸！"

"从技术上讲，我是同一个硬件，"电脑同意道，"但就像你尊敬的父亲一样，我也已经退休了，跟不上技术进步了。我不再是 Cosmos ！"

"我不懂，"安妮说，"你怎么会正好坐在这儿，开启并待命，你显然是 Cosmos，但你说不是。如果你不是 Cosmos，你又是谁或者是什么？你不是，那么 Cosmos 在哪里？"安妮完全糊涂了。

"有一个'新 Cosmos'，"伟大而可敬的超级计算机说，"那台电脑已经占据我的位置，它摘取了 Cosmos 荣誉称号，是一台……平板电脑。"Comos 用厌恶的语气说完最后一个字，"这是一个可笑的技术，没有存储或操作能力，那个暴发户竟然成为'Cosmos'遗产的真正持有人。"

几个 Cosmos 的版本贯穿计算机历史，他们面前的这个版本是最新的。最初的 Cosmos 体积大到占据大学的一个地下室，埃里克一直是那所大学的教授！许多年来，Cosmos 已经缩小到一台普通笔记本电脑的大小和模样。但安妮知道，Cosmos 不是普通的笔记

206

本电脑。

"别担心，"Cosmos，或者说是安妮总认为是 Cosmos 的那台电脑继续略带讥讽地说，"平板电脑 Cosmos 有很多都无法完成。"

"平板电脑的 Cosmos 可以带你去太空吗？"安妮说。

"理论上可以，"Cosmos 说，"但在现实中不行。这就是为什么那恶心的老家伙会那么生气。"

"谁是恶心的老家伙？"安妮说，但她已知答案了。

"瑞卡，"Cosmos 说道，"那假装科学家的邪恶家伙，她解雇了埃里克，破坏我的操作系统，试着把系统转移到她自己版本的'Cosmos'上。早些时候，她还在这里试图强迫我打开去太空的门户。"

"什么意思？"安妮说，"假装的科学家？你知道，她是很杰出的科学家！"

"哦，是的，"Cosmos 说，"真正的瑞卡·杜尔是一位非常杰出的科学家。但你确定你看到的那个人真的是瑞卡·杜尔教授吗？"

"这样吧，她看起来像瑞卡·杜尔！"利奥尼亚插话，"至少，她看起来像我在互联网上看到的瑞卡·杜尔，或类似吧。"

"她是另外什么人吗？"安妮问，那也意味着她越来越不喜欢瑞卡，"她是个假瑞卡？"

"那她还可能是谁，又为什么？"利奥尼亚惊讶地说。

安妮感到一阵刺骨的寒意。"你说她就在这里，试图让你打开去太空的门户？"

"我肯定。"Cosmos 嘟囔着。

安妮翻看着计算机的活动日志，拼命寻找着线索。那里面显示的红色栏目：访问被拒绝。

"所以你不让瑞卡去太空！"安妮叹了口气，"看。"她读屏幕上的代码，容易得像打开了一个故事，"原来是瑞卡来了，试图强迫你打开门户，然后冲出来，没关电脑……"

"但我们没有很多时间了。"超级计算机以更加急迫的声音说道。

"没什么时间？"利奥尼亚问道，她似乎从对会说话电脑的震惊中恢复过来。

"瑞卡想要我打开去太空的门户是因为她自己开发的版本失败了。"

安妮说："那么，如果她试图通过一个无功能的门户去太空，是我们的问题吗？"

"瑞卡一直在用不同的方法将机器人发送到太空去，不是以你所了解的计算机生成门户的形式，而是一种量子传送的形式，"Cosmos 继续说，"她通过平板的 Cosmos，事先把机器人打印到预先由平板 Cosmos 制造的纠缠原子里。而现在她想通过与有机物质混合来复制外来基因！"

"所以她想看看那是否适用于生物。"安妮替它说完，感觉到这不祥的说法的全部压力。

"正是，"Cosmos 确认道，"她想尝试从太阳系中的其他地方带回生命……"

"生命！在太阳系中！"利奥尼亚说，"但我们还没发现任何生命！"

"也许吧……"Cosmos 阴阴地说。他又严肃地补充道："她想

外太空有生命吗？

　　要理解宇宙，你必须了解原子。了解有关绑定它们的力。要了解空间和时间的轮廓，恒星的诞生和死亡，星系的舞蹈。

　　黑洞的秘密……

　　但这还不够。这些想法并不能解释一切。他们可以解释恒星的光，但不是来自地球上闪耀的光。

　　要了解这些光，你必须了解生命，了解大脑。

　　在宇宙的某个地方，也许智能生命可能正在观察我们这里的光，意识到它们的意义。

　　或者我们的光漫游在一个无生命的宇宙，未见的灯塔，宣称在这里，在一块岩石上，宇宙已经发现了它的存在。

　　无论如何，没有比这更大的问题了。现在是致力于寻找答案的时候了，寻找超越地球的生命。

　　我们活着。我们有智慧。

　　我们必须知道……

史蒂芬

尝试发送一种生命形式——一种人类的生命形式——从这里通过量子传输到太空去。"

"但她不想自己通过量子传输上去，万一发生错误的话！"安妮赶着话头说，"所以她想要你或者平板电脑的你，"Cosmos 哼了一声，"带她到太空，而她通过量子传输发送别人。对吧？"

"你和往常一样完全正确，"Cosmos 确认，"我们必须赶紧，因为量子传输即将开始。尽管向外输送应该是简单的，但返回则可能非常危险，如果外星生命形式的分子到达这里，而我们没有采取预防措施的话，不仅对有关的旅行者，而且对地球上所有的人类生命都相当危险！"

"天啊！"安妮说，"但是谁，她送谁去太空？在哪里？"

"我相信她可能刚刚找到了最理想的旅行者。"Cosmos 回答，射出那道它用来画出通往空间门道的光束。

当门的形状出现时，利奥尼亚的嘴张得更大了。首先在闪烁的光下画着，然后迅速凝固成一个真的门。门打开了。门外，目力所及的是一个有冰的、有雾的、旋转的、淡蓝色的世界。利奥尼亚站在那里，看着前面，那冰冻的景象幽灵般的光反射到她银色的眼睛里。

安妮更快地提炼出面前的景象。"Cosmos，"她急切地说，"我能看到那上面的运动。它是木卫二，是吧？那灯火，那里发生了什么？"远处，她可以辨认出一个大圆洞周围的营地。似乎有人在有目的地走来走去，其中的一些带着机械加热器，他们将机器压入厚厚的冰冻地壳。

作为回应，Cosmos 将门移得靠近了一点，安妮和利奥尼亚看

到更清晰的图像。

"他们在干什么？"安妮问，揉揉眼睛，希望看得更清楚。

"他们在挖洞，"站在旁边的利奥尼亚平静地说，"看！那个洞有点像因纽特人在北极钓鱼的冰洞！"

"你说得对！"安妮喘着气说，"利奥，他们在垂钓！他们在冰冷的地壳下的海洋中钓外星人……"

"在木卫二上，"利奥完成了安妮的话，"那些机器人与Kosmodrome 2的机器人是一样的。他们试图捕获水下的外星人。"

"当阿尔忒弥斯上的人类到达时，机器人试图为他们找到一个研究样本！"安妮打断了她的话头。

"我不明白，"利奥尼亚说，她惊讶地听到自己说出这些话，"我想你只是说瑞卡试图通过使用量子传输带回生命。"

"是的，但她知道那可能不行，"安妮说，"或者不是她想要的方式。所以她有个备份计划，称为'阿尔忒弥斯'。这是一个超级绝密的航天任务，寻找木卫二上的生命，但它还不仅仅是任务，也是发射台上的那架航天器的名字，就是准备起飞的那架。我认为瑞卡正试图用她的机器人在木卫二上寻找生命，但同时她也知道需要人类受试者在那些生命自然栖息地研究生命形式。而她知道她的那个愚蠢的太空门户设备不会正常工作，所以她不得不用老的方式也发送一架航天飞机。"

"去木卫二？"利奥尼亚飞快地思索。

"我已经知道去木卫二，但她送谁去？我开始怀疑，"安妮说，"她打算送……我们。"

"我们？"利奥尼亚说，"什么？但我们是计划去火星的，只是还没有，还要好多年才能去！这就是为什么我们在这里，我们为此而培训。"

"我认为太空营只是一个幌子，只是弄很多聪明的孩子们来培训。"

"嗨，狡猾，"利奥尼亚嘀咕着"她弄了一堆有成就的孩子花一个夏季学习太空飞行。"

"她找到世界上最聪明的孩子，那些最有可能在另一个星球上生存的人。她想送那些孩子，因为……"

　　"她相信那些年轻人就像你们，"Cosmos 说，"相对于那些不是成长于如我这样功能强大的高科技时代的人而言，正如她所说'数字时代的原生代'能更好地应用新技术。"它打着计算机式的响鼻，"显然，你们能更快地适应危险的情况，特别是你们中那些熟悉虚拟现实的人，比如电脑游戏中的虚拟现实。我相信最近为你们设置的一些任务就是使用虚拟现实耳机……"

　　"所以她把飞机上的孩子们作为一组备用人员送入生命休眠状态，"安妮严肃地插进来，利奥尼亚眉毛扬得更高了，"如果活着的宇航员不能完成任务的话，但，等等……"

　　安妮说这话时，她和利奥尼亚都看到一个鬼影在营地旁现身。安妮刷地一下捂住利奥尼亚的嘴，不让她叫出来。那显然是一个真

正的人，而非机器人。他们看到那个人像越来越清晰了，直到它似乎站在木卫二的表面上，站在机器人钻井营地旁边那最大的冰洞的另一边。这人穿着太空服，但尽管如此，那个人形却是安妮在地球和太空看过多次的。

"不！"她喊起来，几乎忘记自己也应保持安静，"那是乔治！"

第十九章

"我们必须出去救乔治，"安妮急切地说，"我们需要太空服，Cosmos，哪里能搞到太空服？"

他指出："嗯，你身处于世界上最大的太空设施里，所以一定能在某处找到太空服。"

利奥尼亚问："为什么我们需要太空服？"毕竟她是第一次看到太空门户，根本不知道正在发生的事。

安妮说："因为我们要通过太空门去救乔治！瑞卡肯定用量子传输把他送到太空。我们必须去把他带回来！"

"我知道哪里能找到太空服！"利奥尼亚说，很高兴自己终于能派上用场。"我一会儿就回来。"她冲出去了。

透过太空门，安妮看到她的朋友乔治仍然慢慢地从木卫二薄薄的大气中显现成一个清晰坚实的人形。

"我可以在这一端停止发送吗？"她问 Cosmos。"那不明智，"他说，"如果中途停止，完整的乔治可能永远回不来了。最终他的一半可能留在那边，而另一半回到这里。我相信，整个发送……"他快速地计算着，"大约六分钟完成。"

安妮的脸沉下来了。这是她所遇到的最可怕的情景！"瑞卡怎么能这样做？"她绝望地问 Cosmos。

伟大的电脑叹了口气。"众所周知，人类是不可预测的，"他说，"以我对瑞卡·杜尔的了解，这完全不符合那位受人尊敬的、知名科学家的一贯个性。但从我与人类打交道的经验总结来看，他们最有可能采取最不可能的行为。除非正如我前面所说的，她根本就不是瑞卡·杜尔。"

安妮说："但是，如果那不是瑞卡，又会是谁？她和她那些可怕的机器人？"

"机器人只根据命令行事，"Cosmos 轻轻地说，"它们是机器，它们的行动来自人类的愿望。机器人本身的好坏与操作它们的人的好坏一样。"

"你除外。"安妮说。

"除了 Cosmos 这一代的超级计算机之外，"Cosmos 回答说，"我们很聪明，我们能从错误中学习，对未来的决定做出判断，这与人类称为'思考'的过程非常相似。"

此刻，利奥尼亚回到了房间，她带回两件太空服。它们都是白色，非常脏，配着巨大的球型玻璃头盔，缝线已经磨损，有明显的霉味儿。

安妮说："哎哟！都是些好老的东西！"

"我从太空旅行的历史展中弄到的！"利奥尼亚承认道，"我想这件可能确实在月球上行走过。"

"这对你太大太难了！"安妮说，"也许你最好还是和 Cosmos 一起待在这儿。"

"什么！"利奥尼亚说，"让你一个人进入太空！没门儿！"

"好啦，但你靠近 Cosmos 的门户，"安妮说着，已经穿上了那套很有年头儿的太空服，"因为你没做过这事，我们又没时间教你怎么做。木卫二的引力不一样。我可能需要你用绳子拉住我。"她从衣服里拿出一段空间绳索，把另一头交给了利奥尼亚。"你要站着不动！事实上，你应该站在门口的那一边，就是站在地球上，你才能

抓着我，以免我飘走。但你还是要穿上太空服，以防万一也需要穿过门户。我希望这些氧气罐不是空的。"她把管子伸进头盔，呼吸几次。"太棒了！"她通过话筒传输，声音通过 Cosmos 扬声器传出，"可以了！"

"那时候，他们就知道如何在太空维生，"Cosmos 赞美道，"但不要在木卫二上待太久，在氧气用完前，你只有有限的几分钟。"

利奥尼亚已穿上了太空服，站在那里准备好了。"当我穿过门户，你站在地球这一边，抓住我的绳子，"安妮提醒着她的太空漫步伙伴，"不要放手！而且我们在太空时，Cosmos 一直让门开着，当我们在木卫二上着陆，瑞卡能看到我们吗？"

"当然，"Cosmos 说，"我们必须假设她能够看到你，或者立即被告知你的存在。"

"懂了，"安妮坚定地说，"我们去把乔治弄回来！我不会让我最好的朋友一半留在蓝色世界，另一半留在另一星球。我们要把他安全带回家。"

此时，利奥尼亚抓住空间绳索，安妮穿过门口到遥远的木星的一个卫星上。这个卫星可能是太空海豚的家，安妮最好的朋友的四分之三的人形附近正有一些可怕的机器人游荡，他其余的四分之一仍然正通过量子远程端口设备发送着。当他的两个朋友，一个老朋友，一个新朋友，踏上木卫二的表面，从事太阳系中未曾有过的最复杂和危险的救援任务之一时，乔治可能才完全恢复自形。

门户被照得通亮，靠近 Cosmos 定位处，乔治的人形从雾气漩涡中正清晰起来。当瑞卡通过飞行中的无人机相机发现在任务控制中心夹层阳台上的乔治时，她立即派机器人去抓他。

　　玻尔兹曼并未参与此事。这个"好"机器人只是在不断地拍手欢呼，大声说"终于"乔治要去见他的主人。当乔治被带到任务控制中心的底层时，玻尔兹曼几乎就在他身后跑跑跳跳。

　　而乔治非常难过。据他所知，他是 Kosmodrome 2 里唯一的人类，这意味着没有任何人会帮助他。现在再看瑞卡，乔治不能相信自己被她抓住，而他第一次看到她在任务控制中心的屏幕上，那时他还想她是他见过的最棒的人。现在她看起来扭曲而奇怪，她迎宾时的魅力消失了，取而代之的是可怕的假笑。

　　"乔治，"瑞卡以威胁的语调说着，但声音却奇怪的甜腻，"我们又见面了。"

　　"呃，是的，"乔治说，"好消息，是吧？"他试图打起精神，不

让她看出他害怕。

"这可能比你所知的更异乎寻常。"瑞卡又笑了。玻尔兹曼跳跃着，试图通过一系列乔治读不懂的手势和姿态指示着什么。

"你是 Kosmodrome 2 的头儿，我仅是个初级新手，"乔治指出，"没什么奇怪的。"

瑞卡再次微笑，"我同意，"她咕哝着。乔治惊讶地注意到，她的脸似乎塌了下去，"你和瑞卡·杜尔彼此相遇对任何人来说都不奇怪。"

"你没事儿吧？"乔治关切地问，"你的鼻子似乎从你的脸上滑下来了。

"这是因为它不是我的脸。"瑞卡用另一种很不同的声音说着，那个更低沉的声音让乔治打了一个冷战，他记得以前在什么地方听到过。他向玻尔兹曼看去，他正在疯狂地点头，并且幸福地咧嘴笑着。看起来这善良的机器人像正在和着自己的音乐跳舞。

"那是谁的脸？"乔治慢慢地说，"它看起来像碎片。你做过整形手术？"

"哦，比那更高级，"那个低沉的声音在他面前说道，"我把瑞卡的脸 3D 打印出来，移植到我自己的脸上。"

乔治感到很不舒服。谁会这么费事这样做？但不需过多猜想，他就已经知道答案了。

"在你发问之前，我把一个计算机植入喉咙，这使我能够用一个女人的声音来说话。"

"玉衡天璇，"乔治说，"是你，对吧？你逃出监狱，为接管 Kosmodrome 2，摆脱埃里克，把自己装成瑞卡，你可以负责所有

从地球发射的太空任务。"

"哦，好玩儿，"玉衡天璇说，"正如你的朋友安妮所言，是我。你完全正确，乔治。即使你以前蔑视我，拒绝做我的继承人，摧毁了我的太空飞船和量子计算机，并且使我被捕、监禁，失去机器人军队的控制权，但我仍然非常高兴再见到你。"

乔治的脸刷地一下白了。他一直设法忘记最后一次见到玉衡天璇时那真切的恐惧感，但玉衡天璇一旦说起来，他又记起那次是多么的有戏剧性，多么的危险，而玉衡天璇那次与乔治和安妮遭遇时输得多么惨——乔治也意识到玉衡天璇不打算原谅和忘记。

"你那件连身衣裤怎么样了？"他问，试图拖延时间。他以前见过他，这疯狂的精灵只穿着太阳系行星的颜色和图案的连裤衣。

"连身衣裤不是瑞卡的风格，"玉衡天璇傲慢地回答，"因为我一直在模仿那个知名的科学家，我也一直在用她的衣柜。"

"你把真的瑞卡怎么样了？"乔治问道，因为太害怕几乎不愿听到答案，"你没杀了她，对吧？"

"当然没有，"玉衡天璇咬了咬嘴唇，"残酷不是我的风格。我是反暴力的，如果你一定要知道的话。"

乔治说："你，反暴力？在你做了这一切之后！"

瑞卡／玉衡天璇试图向下看她／他的鼻子，鼻子已经大大地歪到了一边，他无法将它弄好，"瑞卡还活着，"他／她说，"我没有杀任何人。我的脸是瑞卡的脸的复制品，她还有原件。"

"那么她在哪里？"乔治问。

"绝对安全，"玉衡天璇说，"她和你认识的一些人，那些你很了解的人在一起。他们都在一起，在一个温暖舒适的环境里，他们有维持生命的所需，当下所需。"

乔治意识到自己听不明白玉衡天璇在说什么。

"哦，一片空白！"玉衡天璇说，"够慢的！还没想起来，乔治？一家子突然被召到法罗群岛的有机农场，想知道那是怎么回事，对吧？"

"什么？"乔治慢慢地说，半惊呆半愤怒。"还有安妮的妈妈，多甜美。她一直想和管弦乐队去演出。所以我让她的梦想成真！"玉衡天璇说，"那就是我做的，让梦想成真。想去偏远的岛屿上种田？我可以为你解决！想在墨西哥城演奏小提琴？哦，是的，我也可以干成。世界上的孩子们，想加入训练计划，成为一个火星宇航员吗？来这儿吧……"

"他们在哪里？"乔治说，他的喉咙哽咽了，"你对他们做了什么？"他根本无法想象妈妈和爸爸，小妹妹朱诺和赫拉，还有安妮的妈妈不得不碰上这个人。对家人的担忧超过对他自己，即使一直与安妮承担最危险的太空任务，他从未感到这种令他眩晕的恐惧。

"好吧，"玉衡天璇坦率地说，"你不想知道？"

"我想知道，"乔治喊道，"告诉我！"

"嗯，好吧，不知值不值得？"玉衡天璇干笑着，看着自己明亮的闪着红色光泽的指甲，"对我来说，就是这样。乔治，因为现在，在我看来，我手里有所有的牌。"

乔治看看四周，他完全被机器人军队包围，他知道它们被玉衡天璇严密控制，将对他的每一个命令做出反应。他的唯一盟友是玻尔兹曼，即便他，也似乎完全处于玉衡天璇的掌控之中。

"让我想想。"玉衡天璇一边说着，一边摘下金色的假发。

　　当他这样做时，乔治思忖他怎么能以为眼前的这个人与世界上最受人尊敬的科学家之一瑞卡·杜尔有相似之处的。乔治踢了自己一下。他怎么会那样去想？他是怎样被假瑞卡·杜尔吸引？他不相信自己会那么蠢。

　　"你可以为我做点什么，"邪恶的玉衡天璇发出喉音，"作为交换，我会告诉你你的家人、安妮的母亲、瑞卡·杜尔在哪里。成交吗？"

　　乔治咽了一口吐沫，问道："我必须做什么？"他知道，无论玉衡天璇要求什么，不管有多可怕，他都必须去做。

　　"不能告诉你！"玉衡天璇喊着，"你必须先同意，否则你再也不会见到父母亲和妹妹。你亲爱的，可爱的好朋友安妮将永远不会再见到她的母亲。"

　　"成交。"乔治飞快地说，不让自己有时间退缩。

　　"哦，好，"玉衡天璇说，"我一直想用真正的人类测试我的量子传输装置。那是有点残酷的高科技，但我知道你也并没期望我会比那更好。通过量子作用，让你以精确的电子态传输穿越空间。更换 Cosmos 的效果低于预期。我已成功地使用这种技术引导我的机器人军队还有设备进入太空，但到目前为止，我还没有

传送过活的细胞。你，乔治，将是第一个！去太空的先锋！对这样一个崇高的位置，我并不想强制。志愿者将会更合适。如果你可以在这里签名的话！"

一个机器人迅速打出一个很长的合同，一页又一页。

"哦，不必费心去读所有的文件，"玉衡天璇说，"它是说你自己以自由意志和选择通过量子传输装置。"

"但说是通过我自己的自由意志，这不是真的！"乔治说道。

"好，"玉衡天璇说。他的机器人抢回了合同。"如果你再也见不到你的家人。我才不介意呢，一丝一毫都不会让我不安。"

乔治犹豫了。"你为什么不自己通过宇宙门户呢？"他问，"如果这对人类来说是伟大的一步，那你为什么不去做呢？"

"哦，乔治，"玉衡天璇叹了口气，微笑着，"我以为你会意识到。它仍然处于实验阶段。现在，尽管我这么喜欢你，我可以失去你，而不会太过担忧。但对我自己，我就不能那么说了。我太有价值了，不能成为一名测试飞行员。"

"以前没有人做过吗？"乔治问，感觉毛骨悚然。

"没有，"玉衡天璇沉思道，"我曾试图从志愿者培训计划中吸引几个你的小伙伴，就是那些被要求'离开'营地的人。但他们都拒绝，其中一些还相当粗鲁！而这样的航行必须经过自己自由意志的人同意才能实施，愿意并且爽快。事实上，如果我觉得强迫人去做这事，就完全作践了它。"

什么是量子传输？

　　假设爱丽丝和波晶在不同城市（或行星）的实验室工作，爱丽丝有一个处于有趣的量子态的粒子。量子态，我们的意思是量子系统的状态，例如某时刻的基本粒子。如果粒子由经典而不是量子物理来描述，则其状态将通过其位置和速度的精确值来描述。量子粒子的量子态看起来非常不同——你可以想象它是一个复杂的波在空间上扩展，一般没有确定的位置。那么如果爱丽丝想把精确的信息传给波晶，波晶就也可以在他的实验室里创造它研究它，爱丽丝要怎么做呢？

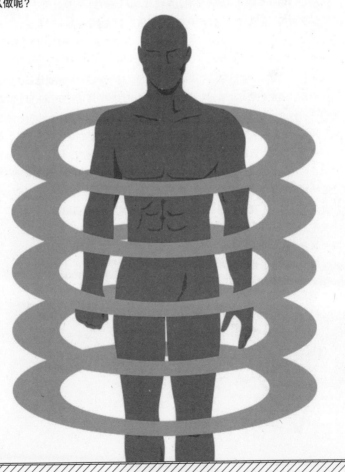

什么是量子传输？

不幸的是，她不能简单地测量她的粒子状态而不破坏其状态（除非该状态是处于被称为"一个特征状态"的特殊状态），并且由于不确定性原理测量本身将提供不完全的信息。不确定性原理是说你越精确地知道一个粒子的一个属性，比如它的位置，那么你将更不确定另一个属性，比如它的速度。例如，粒子位置的绝对精确测量必将破坏关于其速度的所有信息，并且实际上原始的复杂波将被坍缩成在一个点（测量报告的位置）上的细细尖峰。

爱丽丝的一个解决方案是将确切的状态传达给波晶。这就是量子传输。

早些时候，爱丽丝把一对处于"纠缠"量子态的粒子中的一个发送给了波晶，同时自己保留另一个粒子。在纠缠态下，每个粒子分别处于不确定状态，只是作为整体而处于确定状态。然而，测量这一对中的一个成员，迫使两个粒子进入确定的状态，即使它们相隔数光年！而且对一个粒子的测量结果决定了另一个粒子确定的状态。爱丽丝可以利用这个，对她的原始粒子和来自纠缠对的粒子一起进行特定测量。

然后，她将该测量的结果通过普通方式（例如电子邮件或无线电传输）发送给波晶。由此，波晶可以推断出他所拥有的粒子的确定态，还有如何将其转换为爱丽丝想要发送的态的完全复制品。但爱丽丝进行测量时，她被迫毁掉她的初始状态。量子信息可以传输，但不能复制。

最终结果是，爱丽丝的粒子态已被传送到波晶！但只有信息（而非实体）已被传送；不幸的是，这是科幻小说，而非人的旅行方式。而量子传输就像传真一封信——信息被打印在接收端的新纸上，发件人用碎纸机毁掉原始信。

就个人而言，我宁愿靠邮寄旅行！

斯图尔特

"什么？"乔治说，"其他人也知道？"

玉衡天璇说："不，不是他们和你在一起参加培训的时候，你不知道的是，我让你们远离挑战阶段。训练结束后，我打发那些家伙回家，因为他们对任何人都毫无用处。我只保留精英中的精英。因此当一对中的一个或一对学员没通过挑战，我就把他们放进一个安全收容所里，直到迎接他们的大冒险一切准备就绪。"

乔治说："他们现在在哪里？伟大的冒险是什么？"他以前感到过的冰冷和恐惧，根本不能与目前的感觉相提并论。

"好啦，你永远不会发现，任何人都不会发现那个地方，除非你签署这份文件！"玉衡天璇和蔼地说，向乔治挥舞着笔。

"我会签字。"乔治没好气地说，伸手去拿笔。他想就这样了，这是他来到这里的挑战，不是飞往火星，也不是组装一台在另一个行星上可用的3D打印机，或修补太阳能板。他的挑战是独一无二的，对他是绝不能失败的考验。这是为了解救其他留在 Kosmodrome 2 的学员，正如他所知，他们被玉衡天璇非法监禁了。还要解救被玉衡天璇抓住囚禁起来的家人和安妮的妈妈。

"哎，哼，"邪恶的天才说着把笔递过来，"我说的'愿意和爽快'是什么意思？对我来说这非常重要，这伟大的步骤是由一个心里快乐的人去实施。"

"我会签字，"在当前情况下，乔治尽可能快乐地说，"很高兴。"勉强挤出这几个字。

"那更好。"玉衡天璇说，递过钢笔。

乔治接过它，在合同上刷刷写下名字，写的时候，他还在想自己能否返回。尽管他真想从任务控制中心边跑边大喊，一直跑一直

跑，一直跑到他那个位于狐桥镇的好玩的、味道甜甜的、有几分寒碜的房子里，但他知道不能。大概要再见家人，让其他的孩子再见他们的爸妈的唯一办法就是他自己通过玉衡天璇那个狡猾的门道进入太空。他认为没有其他办法了。他是如此的绝望，眼前的一切似乎都成为空白。

但也没有太多时间去想了。身后的几个机器人把他塞进一件太空服里，把一些备用的重物绑在他的腿上，他的头上弹出一个太空头盔，机器人为他拉上拉锁。玉衡天璇打着好像在指挥管弦乐队的手势，似乎下达了一系列的命令，在他站的地方的旁边，一个光的圆锥创生了。

在两个机器人的引导下，乔治站在圆锥的中心。他不知道接下来会发生什么，他要去哪里或者能否返回。这真是太可怕了，他根本没法儿去想别的。他只能试图专注于玻尔兹曼的脸，想着他最后的一望应该是一个友好的画面，尽管那也是可怕的误导。但当他盯着世界上唯一有意识的机器人那被损坏的黑色的脸时，他的视线开始模糊。玻尔兹曼似乎碎成了小片，并开始在五彩的旋风中旋转。

　　正当乔治刚有时间去想那是多么漂亮的图案，一切都变黑了，犹如灯光熄灭，或者说他非常突然地进入时浅时深的睡眠。

第二十章

安妮和利奥尼亚各自站在 Cosmos 开启的太空门户两边，利奥尼亚戴着太空手套的双手抓紧绳子，绳子另一头绑在安妮的太空服上。安妮踏上覆盖着厚厚冰凌的星球表面，这是木星最大的卫星之一。当她低头看着表层下斑驳和冰冷的地层时，不知道她是否曾想象那底下有暗色的东西在移动。抬起头，木卫二极薄的氧气层导致遥远昏暗的太阳光发散了，在天空中形成烟雾般的光芒。通过烟雾，她可以看到木星——太阳系中最壮观的行星。

安妮指着木星，回头看利奥尼亚，两个女孩都喘着气。套在宇航服里，身材高大，瘦瘦的利奥尼亚似乎有些摇晃，安妮为把自己的新朋友扯到这个冒险行动中而感到不安，她希望利奥尼亚没有被卷入其中，尽管利奥尼亚超级能干。即使没有被抛入这个突如其来出人意料的木星卫星之旅，她们的处境已经足够可怕了。但当安妮轻轻地飘浮着离开木卫二表面时，虽然利奥尼亚只抓住安妮身上的太空绳索，但它将安妮与实在的东西拴在一起，她突然对这个后备感到非常高兴。她不再是孤军奋战。

"就待在那里。"安妮指示着利奥尼亚，她的声音通过 Cosmos 的扬声器传入利奥尼亚的太空头盔。她们使用的太空服已是古董了，但它似乎依然功能良好，严谨精确。它必须如此！在木卫二冰冻的条件下，即使一个微小的疏漏将会导致她们中的一个生命的终结。她知道绝不能迈大步，那样的话，她可能飘过木卫二而无法回到太空门户。

"为什么机器人用加热器？"利奥尼亚问。

安妮转身去看机器人的军队和他们的营地。现在她已经在太空门户的另一边了，较之刚才从地球一边通过门户看过去，她能看到更多的细节。一些机器人手持着机械装置，似乎在冰上那个很大间隙孔洞的边缘上挥动着。

安妮说："我猜他们试图把那个洞钻得更大，如果不加热，也许就会再冻上。"

此刻，机器人设法弄来一个类似网状的东西并把它放入深色液体中。两个女孩儿看着它在冰下沉没，在冰洞的边缘，在冰的圆形切口下波浪摆动。安妮飘得更近了一些，她的绳索拉得更长了一点儿。她正好看到了什么——她真看到了吗？——她想再看一看。她的太空头盔的玻璃不是很清楚，它被刮伤而且陈旧，因此她还不能说是否看到了什么，或者那是她的太空服装的缺憾。

"那是什么？"听起来身后的利奥尼亚也注意到了同一个东西。

"我不知道，"安妮说，"可能是机器人用的机器什么的。"但她仍然感到兴奋起来。如果她刚刚看到在木卫二表面下的黑暗的液体中的"东西"，那么她将是第一个看到外星人的人！多年来，就有木星和土星的卫星上可能有外星生命形式生活在冰冷的地壳下的理论。他们看见一个外星人了吗？那些生命看起来像海洋中的海豚吗？"我必须靠近一点儿。"她对利奥尼亚说。她缓缓离开，在低重力环境里从卫星表面缓缓上升。

同一时刻，在机器人造湖的另一边，那个闪烁的白色人型——类似太空人的幽灵——变得更加明显了。当它变得更不透明时，它的轮廓正在形成。

"乔治！"安妮叫着，"乔治！"她挥着手。也许她能引起他的注意，他就会完全到达木卫二——也许通过她的愿望，她可以召唤在黑暗冒泡的池塘另一边的波浪人形完整地落到这个卫星的表面上。

似乎起了作用，一点儿一点儿地，似乎是在一幅素描上涂颜色，乔治的身体显现出来。对安妮而言，这个过程缓慢得痛苦不堪。她要他以固态形体到达木卫二，因此她能确信他是完整无缺的。当他所有的部分都到了，安妮才能开始把他完整地带回家。她最害怕的是乔治的一部分可能永远迷失在太空中。

"快点儿啊，"她喃喃自语，祈愿乔治被完整无缺地传送过来，

232

"快点儿啊！"她疯狂地自言自语。如果她失去乔治，她此生之余将
飞到太空，像寻找一个迷失的灵魂那样地寻找，这样的思虑真是太
可怕了。

　　然而，一点儿一点地，乔治正在形成。首先，他的手臂看起来
变成了三维并坚实了。然后是他的腿，其次是他的躯干，最后是他
的头和圆形的太空头盔！

　　安妮快乐喊叫。乔治已经成型了——不像木卫二上的某些机器
人缺胳膊少腿儿，看起来他完整无缺地到了！

　　在湖的另一边，穿着太空服，乔治的新形成的身体和头已经完
全物化在冰冷的地面上。他感到自己"砰"的一下很不舒服地一个
跟跄就进入了自己的身体。在乔治被完全吸入自我存在前，在他的
粒子穿越太阳系被传送的过程中，他迷失在一个奇怪的梦的世界

中，在他的眼前，自己的生命像电影一样一幕幕地演出。

他看到自己是一个小婴儿躺在骄傲的父母手臂里，他们穿着嬉皮士的外套，年轻的脸上挂着舒展的笑容。然后乔治成为一个胖胖的学步儿童，他和家里的山羊一起玩，羊一直被拴在有着涂鸦的小屋后的篱笆上，他和爸妈就住在那间小屋里。小屋是整个营地的一部分，那里的家庭生活方式与铁器时代的早期英国人一样，他们在画有标记的一片土地上耕种，生产所有的衣食，供热和照明。

然而，还是小孩儿的乔治生了重病，被紧急送到灯火辉煌的医院里，医生使用大量的药物和医疗设备救了他。当他们激励他挺住时，乔治看到脸色苍白的爸妈在病床边哭泣。他看到他的祖母，那个脾气暴躁但忠心的梅布尔来到医院，对他爸妈喊着，说他们选择的生活方式危及儿子的生命。

梅布尔坚持要他们搬到一栋房子里，一个有电和自来水，有屋顶和取暖设备的妥善的房子里，否则就不能算完。她甚至为他们买了一个房子，在他的梦里，乔治看到梅布尔递给爸妈买房文件。他看到爸妈屈服了，从原来的那种生活来到更正常一些的生活方式中，他们把他从医院带回梅布尔送的小小的温暖的家中。

但那不是一个真正的正常生活。虽然乔治的妈妈和爸爸搬进了

234

狐桥镇一栋普通的郊区房子，他们继续生活在生态梦想中，用后花园做小农场，试图自己发电，做衣服，试图尽可能少地使用地球的资源。某天，乔治看到在后院养的猪——那又是梅布尔贴心的礼物——已经逃跑，在篱笆上弄出了一个大洞，那片篱笆把他家后院与隔壁那个杂草丛生的奇怪世界分隔开。循着猪儿弗雷迪的蹄印，乔治穿过隔壁荒凉丛林般的后院，来到那家的后门，遇到了……

"乔治！"好像有人从湖底喊他。声音不清楚并扭曲，就像他目前的视力，但其中有些听起来是熟悉的。"乔治！"那喊声又来了。他不知道那是梦的一部分还是真的听到了。他耳朵里有种奇怪的响声。当他试图集中注意力时，他只是看到眼前的黑色漩涡夹杂着灿烂的灯光。

渐渐地，旋转的世界慢了下来，终于停止。透过阴霾，他可以看到一片苍白，还有苍白上的一个深洞，头上一片灰蓝色的天空。

某个动的物体引起了他的注意，他看到较暗的点点，犹如蚂蚁，它们似乎在灰白色表面上那个圆孔的周围忙碌着。

然后他看到一个比其他更清晰的人影。一个白色的身影，正在黑色浩瀚的另一边向他挥手。"乔治！"他又听到了，这一次他知道听到的不仅仅是一个声音，他听到的似乎是自己身体里的什么地方在呼唤，好像是自我呼唤回归本体。他集中注意力看着那个向自己挥手的影子，意识到它正从黑洞的另一边向自己走来。这是真的吗？他向前迈出小小的但沉重的一步，太空负载将他锚在地面上，然后非常突然地清醒。

正当其时！一旦他能看清周围，看到自己在何处着陆，乔治意识到，若再向前一步将直接掉进湖里。看着湖中那怀有敌意的液体，那似乎比水更黏稠，乔治想知道那下面有什么！在那表面下，是他想象的大量的海洋物体在沸腾，在无法描述的泡沫汤中扭曲和转动。他不知道是不是还在梦中，或者是否真的看到了。但他至少可以说，在这湖状浩瀚的另一边站着一个他以前在太空中看到过的小人儿。

这个人用双臂向他挥手，飘离地面，像以前做过那样。在那人之后的远处，乔治可以看到另一个高大的人，穿着看起来巨大的太空服，抓着一根绳子，站在一扇发着微光的门口。"安妮！"乔治自言自语道。真的是她吗？他的最好的朋友一路走来找他，通过太空门户带他回家？还是他的幻觉？这是另一个奇怪的梦吗？如果他孩童时养的山羊出现，他会知道那是一个梦。如果没有，这是否意味一切都是真的？他怎么能知道什么是真实的，什么不是？

那个浮动的人影一直在挥手。在那人的两边和黑湖之畔，机器

人继续工作着，乔治的出现或其他什么人存在于这个奇怪的世界里
并未打扰机器人，或者看起来如此。乔治冲到了安妮这边的湖畔，
他腿上的太空负载沉重，机器人甚至没注意到他的存在。

这些机器人似乎担任着不同的角色，其中一些使用热源将湖面
扩大。其他的一些似乎拉着一张粘在水中的巨大的网。一些机器人
正在接近那液体，试图把那网拖回结冰的岸边。但当他们努力拉它
时，一个又一个机器人掉入液体中，它们迅速地沉没，不留痕迹。

当安妮和乔治相遇在湖畔，看到整个机器人队列消失在黑暗的
液体时，他们都如释重负地大大地松了口气。现在安妮飘浮在高出
一头的地方，因此乔治不得不拉住她的太空靴把她带回地面。他们
俩简单地拥抱一下，因为都穿着太空服，他们都很笨拙，乔治紧紧
地拉着安妮，开始走回太空门户。而利奥尼亚穿一件很大的老式的

太空服正站在那里，在另一边等待着他们。但当他们还未到达门户之前，两人都感觉到而非听到，身后有另一个东西正在成型。他们转身看到一个闪烁的幻影开始形成。这个人型变得越来越清晰，他们看到另一个穿太空服的人通过量子传输从地球到来，加入了他们的行列。

"别这么快，乔治。"这个新来的说。安妮也听清楚了。"你忘了吗？"他说，"你忘了我们的交易吗？"

"我已经做了我该做的，"乔治说，拼命地拉紧安妮，"我已经通过量子传输装置进入太空，向你证明了那个装置可以发送活人。所以现在你该兑现你的承诺了，告诉我我的家人在哪里？还有安妮的妈妈。"

这是安妮第一次听到有关的消息。乔治知道她会毛骨悚然的，她太空头盔里的头发，如果可能的话一定会竖起来的。

"不，这不是全部交易，"那个鬼影遗憾地说道，"如果你读了那个小打印件——像我建议你的那样——你会发现，你签署的协议是答应为我进入太空，搜罗一个外星人，并把它带回地球。如果你没有准确地满足那些条件，我没有义务为你做任何事。"

乔治咬紧牙关。行动开始后更改交易条件是玉衡天璇的典型作风。他坚持道："这不是你说的，你只是说我必须通过量子传输到太空，然后你会告诉我你在哪里关着我的家人和安妮的妈妈。就是这样。"

"什么！"安妮说，"你是什么意思，我的妈妈！她和这有什么关系？它是谁？"

"我现在不能解释这一切。"乔治说，不让他的朋友说下去。他

们站在一起，两个穿着白太空服的小人儿手挽着手，"但我们需要离开这儿。"

"Cosmos，"安妮说，"太空门户，就在那边。"但她仍然试图理解乔治刚刚说的。她盯着他。"你通过那个传输物，拯救大家！"她说，"乔治，这是多么勇敢！"

乔治更紧地抓住她，很高兴听到自己没有让人失望！但此刻，他们需要离开玉衡天璇和他的机器人，否则一切都是徒劳了……

他们开始离开，但越来越多的机器人从地球通过量子传输装置开始物化。安妮和乔治恐惧地意识到，他们几分钟内就可能全军覆没。安妮看着身后，看到利奥尼亚正在疯狂地打手势，但安妮不明白她的意思。

下一刻，安妮明白利奥尼亚在说什么。太空门户完全消失，连带利奥尼亚，地球上的那扇门关闭了。木卫二上留下安妮和乔治单独面对机器人军队，后者顷刻就要出现，这是一个疯狂的、极为愤怒的控制狂，一个亟须复仇的怪物，一个一心想复仇的怪物，他很快就在他们前面形成就绪。

第二十一章

"就这样，我的小朋友们，"玉衡天璇嘟囔着，此刻他正迅速地凝成固态，他之前伪装成 Kosmodrome 2 的头头瑞卡·杜尔，现在穿着太空服，通过量子传输出现在木卫二上，"我们又见面了。这是多么迷人啊！"

"是你！"安妮惊恐地说，毫无疑问那真是他的声音。"玉衡天璇。你是怎么来的？"

"一直就是他，"乔治严厉地说，"从来就不是瑞卡，至少最近不是瑞卡。我不知道他对真的瑞卡做了什么。但他逃出监狱，他模仿她，用 3D 打印出她的脸，移植在自己的头上，穿她的衣服，戴假发，还用电脑拟音盒。"

"哇！"安妮惊呼着，她瞪着玉衡天璇，"这就是为什么瑞卡度假回来后，要跟爸爸作对，不是瑞卡解雇了他，而是你！瑞卡度假

240

时，你绑架了她，扮成她，对不对？"

乔治说："然后你必须让埃里克离开 Kosmodrome 2，他意识到阿尔忒弥斯计划已经开始，他对抗那个计划，你就必须摆脱他，所以你让他看起来像退休了。"

安妮插进来："还有，我打赌你确保我们来参加宇航员培训计划！"

玉衡天璇叹了口气："是的，是的，是的，虽然我确实觉得把你们放入培训计划被证明是个错误，我采取了一些措施，用一个小事故来纠正。"他吃吃窃笑着。

"可是，"安妮打断他，不仅是证实了对那架飞机事故的怀疑而气愤，而且突然记起乔治的话，"这跟乔治的父母有什么关系，和我的妈妈有什么关系？瑞卡·杜尔在哪里？"

乔治说："他不告诉我他把他们关在什么地方了。但我的妈妈和爸爸从未去那个岛上耕种，就像你的妈妈从未去任何音乐会。那只是绑架他们的方式，因此没有人试图去找他们。他甚至让他们自己给我们发信息！但我不知道他们现在在哪里。"

"啊！"安妮喊了起来，她已明白了，"不！那些箱子！"

"什么？"乔治问。

安妮说："那些箱子！在 Kosmodrome 2 里的医院装有人的箱子！他们处于人工休眠状态，他们还活着，但他们都睡着了！他要把他们送到太空！那肯定是你的家人，乔治。还有我的妈妈！就是它，对不对？"

玉衡天璇大叫："哦，干得好啊，全正确。你们的家人安全地蜷曲在那些可爱的定制的箱子里，在被航天器送达木卫二之前，他们将保持'睡着'的状态。"

乔治慢慢地说："我不相信。"

玉衡天璇道："相信吧，我不只把其他学员送去木卫二。假如活人宇航员不能发送过去，为了以防万一，我已经采取了预防措施，发送那些睡觉的过去。"

"但我们的父母并未选择去太空！"乔治愤怒地说，"他们不想离开地球。你为什么绑架他们，让他们睡觉？你说你要的是志愿者！"

玉衡天璇很随意地说："他们是有几分志愿的，当我向他们解释其他选择时……"

"你太可怕了。"乔治一字一句地说。他感到已经恐惧得麻木了。

"火星是怎么回事？"安妮勇敢地问。突然火星听起来没有那么远了。如果她和乔治的家人被送到火星，他们还有机会让他们回来。

玉衡天璇说："哦，会去火星！我们只是要绕远路。"

安妮说："我知道了！我知道你计划的比我们了解的更多。"

玉衡天璇说："没错儿！从海洋来的生命，生命——人类与合成——正是我感兴趣的，所以我想要蓝色的行星，"他吃吃窃笑着，"我想要蓝色的卫星，我想要红色的行星，灰色的，有条纹的，上下倒置的，坦白地说，我要所有的。"越来越多的机器人出现在他周围，那些影影绰绰的人型军营排成队。当量子传输器仍在将它们发送到太空时，它们仍是半透明的。

乔治和安妮可以看到就在短时间里，一旦机器人完成木卫二传送，他们将寡不敌众。看看身后，他们没看到 Cosmos 的太空门户的痕迹，难道这是他们进入太空的最后一次旅程吗？

就在这时，安妮注意到玉衡天璇身后的一个非常有趣的事儿。他们的老敌人和他那快速传送的机器人都面对着乔治和安妮，都没有注意背后发生的事儿。但安妮看到，那些机器人落入冰洞前，丢下了便携式加热器。在冰洞周围，躺在不同地方的加热机继续融化着厚冰，危险已靠近机器人军队站立的地方。一旦来自地球的机器人的全部重量到达那里，安妮认为那冰不会坚持多久。

安妮悄声对乔治说："让他把注意力集中在你身上，跟着我，慢慢地向后退。"

"你答应过，如果我经过量子传输，你会放了我们的家人！"乔治勇敢地说。他和安妮向后迈着婴儿般的小步子。乔治希望他的话

会吸引住玉衡天璇，"你不能向我们的家人复仇，他们是无辜的。"

他说话时，两个朋友又向后走了一步，距离迅速扩大的冰洞稍远一些。

"你这么可爱，"玉衡天璇低声说，他的机器人正在他身边固化，"复仇，就是要复仇。但不是对你。我可不想让你认为是由于你，真的不是。你对我没那么重要。"

"是关于控制 Kosmodrome 2，"安妮猜着，"这样的话，你将可以掌控世界上一切太空任务。"

"没错，"玉衡天璇叫道，他忽视了身后那正扩大的海湾和机器人，"只有我才能负责这样重要的工作。我所做的其他工作都是清除挡路的废物——就像你父亲！他必须离开。他永远不会被允许参与以我的方式进行的阿尔忒弥斯航天任务。他永远不会同意把孩子送入太空，或允许我对毫无戒心的人实施人工休眠。我不得不摆脱他。一旦我这样做，在任何人发现我的计划之前，我不得不尽一切现有办法快速行动。"

"太糟糕了，我们再一次地破坏了你所有的计划。"安妮不经意地说，听起来毫无歉意。

玉衡天璇没有忽略她说话的语调。显然他被激怒了。"胡扯够了！"即使通过语音发射器，他们也能听出他的愤怒，"我的机器人已经来了。"超重机器人已在他周围完全现身，他们的金属靴子牢牢地踏在冰冷的地壳上。"机器人，抓住他们！"

但正当玉衡天璇发出命令时，立刻发生了两件事。首先，他本人似乎被反向传送。他开始消失在面前的稀薄空气中，比他来时快得多，当他这样做时，机器人军队试图一致向前迈进一步，但立刻陷入混乱。当脚下的冰融化时，那些后排的机器人已经向后滑去。
当它们跌倒时，为了不掉入地下海洋中，又向前试图抓住前排的机
器人。但它们的行为引起了多米诺骨牌效应，一排排机器人彼此拖
曳着进入身下那快速扩大的冰洞里。

当它们跌倒时，安妮和乔治迅速后退，以避免随它们掉下去。
因为冰面似乎在崩塌，机器人在滑行挣扎，而他们觉得自己退得还
不够快。此刻，玉衡天璇半透明地悬在木卫二的表面上。一副可
怕的景象！

然而，当两个初级宇航员尽可能快向后退去，他们感觉到一只
手抓住他们并向后拉着。他们还没反应过来就通过太空门户被拖回
地球，那个门户在他们背后已再次开启。当他们跌跌撞撞地通过门

户，随着玉衡天璇的机器人群终结于冰下的阴暗海洋里，他们听到的最后声音是悬挂着的半透明的玉衡天璇恐怖的尖叫。

然后，地球的门户"砰"地关上了。

两个朋友向后倒在埃里克办公室的地板上，降落在利奥尼亚的脚边。安妮第一个跳起来，试图脱掉她的太空头盔，但老版衣服很难脱。乔治更快地脱去重量级的太空服。当他解开头盔，它从头上滑下，他仍能听到玉衡天璇的神秘尖叫。

"我怎么还能听到他的声音？"他嘟囔着。

"因为他一半在这里，另一半在那边，"利奥尼亚咧嘴大笑着说，"你们还在木卫二时，我开始量子传送他。我这么做时，Cosmos 开始关闭门户。所以他至少有 65% 返回了任务控制中心。"

乔治问："但是怎么做的？你怎么知道该怎么去做？你为什么不把他留在那里？你为什么要把他带回来？"

利奥尼亚平静地说："我想我们可能需要他。"

乔治问安妮："你知道机器人会从冰洞落入池塘？"一边帮她拿掉老旧的太空头盔。

安妮说："我认为那是我们唯一的希望！"她从老式宇航服冒出来，眨着眼睛，她有点头晕。

"呃，你们这些家伙。"有人插话。

安妮抱住她："利奥！谢谢！你让我们离开了木卫二！太了不起了！你刚刚救了我们的命！我想我们打败了他。我们现在需要做的是找出其他学员，我们的家人，并使他们苏醒。然后我们就都好了！"

　　利奥急切地说："是的，这一切都很好，但你似乎忘记了什么。"

　　"什么？"乔治说，看起来很困惑。"阿尔忒弥斯，"利奥尼亚说，"我想你们的干扰使玉衡天璇加速他的计划。看起来，它已经在航天器发射台上待发了，它要发出了。我们不知道如何阻止发射！"

第二十二章

乔治说："现在就去任务控制中心！"

他们只把 Cosmos 收拾一下带走，三个人跑出了房间，跑进了巨大的排满屏幕和监视器的房间里。乔治最后一次看到这个房间时，里面还站满了机器人。此刻，它几乎是空的。

当他们巡视着被遗弃的房间时，安妮问："所有的机器人都进入太空了吗？"

"没有，"乔治说，"他们留下了一个。"

玻尔兹曼·布莱恩站在光锥附近，它仍然像运送乔治到木卫二时那样的明亮。"带上我！"他似乎在恳求，"请让我和其他机器人一起去！不要留我独自一个！"

但除玻尔兹曼之外，此地唯一的那个人不在乎玻尔兹曼的感情诉求。在光锥中心，被利奥尼亚强迫返回地球的 65% 的玉衡天璇扭曲着转动着，咬牙切齿地，恐怖地尖叫着。

可怕的幻影咆哮着："我被缠住了！我不能前进，也不能后退！我只有一半在地球上！"

乔治帮助他纠正数字："实际上不是一半，你只有 35% 仍在木卫二上！这是个好消息，对吧？"

玉衡天璇嚎着："不，不是！带我回去！我要求你完成传送。"

与此同时，利奥尼亚在一台计算机上迅速地打着字，屏幕上的图片随之改变了，它显示一个发射台与一架准备起飞的太空飞行器，而不是在木卫二上机器人无奈地滑入一个充满黑暗漩涡液体的冰洞里的情景。

安妮喊道："和我见过的一样！就在这里，在 Kosmodrome 2！这是阿尔忒弥斯！还有多久起飞？"

利奥尼亚说："现在正在做最后检查！"

安妮说："我们必须阻止它。"她凝视着巨大的屏幕，现在只显示着发射准备。其中的一个屏幕来自宇宙飞船内。

安妮说："看！"机器人们正在踉跄地竭力把安妮在 Kosmodrome 2 其他地方看到的长方体盒子搬运到飞船上。"哦，不！"她深呼吸，心跳极快，"那些盒子里很可能是我们的家人！乔治！乔治！我们必须阻止飞船离开！"

乔治说："我的天呀！那是我的家人吗？"当他看到两个小箱子正在被运上去，他的眼里都是泪，"我的小妹们……不能这样！万万不可！"

安妮绝望地说："看！船上也有活的宇航员。"摄像机转换镜头，

250

一排穿太空服的孩子，被绑在座位上，头耷拉着，好像被用了药。

　　"这一定是玉衡天璇的意思，他把所有的学员都留在这儿，现在他们都在阿尔忒弥斯上。他把他们送到太空，在蓝色卫星上建立殖民地！我们必须阻止！"

　　乔治说："但怎么阻止？"他和利奥尼亚一起看电脑显示器。"你怎么阻止太空发射？"

　　"肯定有办法，"利奥尼亚决断地说，"肯定能够取消。"她在键盘上敲起来，但碰到了一个停止的标志。"这儿有个代码，"她说，"我们需要输入一个代码来改变启动计划。"

　　"告诉我们代码，"安妮向四分之三的玉衡天璇喊着，"我们必须输入什么来停止发射？"

　　玉衡天璇哀求道："把我带回地球，这是你们阻止阿尔忒弥斯离开的唯一方式……""T-5min（倒计时五分钟）"，自动倒数计时在读数，这意味着只有五分钟太空飞船就要发射了。

"我们不能！"乔治说，"我们不能带他回地球，对吧？这太危险了！"

"如果我们不那样做，"安妮说，"我们就不能停止飞船发射！"

"救救我……"玉衡天璇说，他的身体越来越淡了，"如果想停止飞船发射，你必须带我回到地球！这是唯一的方法……"

但玉衡天璇自己的技术让他失望了。量子传输器已远远超出预测过度使用了，它决定永久停止使用。随着一声恐怖的咆哮尖叫，玉衡天璇完全消失了。量子传输随机地将他身体的所有分子发散到所有他曾经去过的地方。

他完了。

"现在怎么办？"乔治震惊地说。他永远不会为玉衡天璇的终结而遗憾，但他已经消失的事实也带走了阻止发射航天器阿尔忒弥斯的最后机会。很快它将带着他和安妮的家人，还有宇航员训练最后一周的孩子们飞往木卫二。

"我们救不了。"安妮有点木木地说。她的头脑正飞快地转着，如果阿尔忒弥斯发射，他们能把 Cosmos 的太空门户开在飞船上，把大家通过门户带回来吗？众所周知，在移动物体上打开一个空间门户极为困难，当他们试图到达的地方本身快速运动时，Cosmos 不能精准地为门户定位。她不知道它们能否掌控得了，或者是否门户只能把她和乔治放在飞船外，当阿尔忒弥斯以极大的速度远离他们时，他们在飞船附近的深空飘移。

他们必须等阿尔忒弥斯登上木卫二，再去试着解救所爱的亲人

和训练营的孩子。但 Cosmos 能够运送这么多人吗？量子传输器显然不能安全地运输人类，因此他们不能冒险用它实施救援。

"我们救不了他们了。"安妮重复着。甚至连利奥尼亚也不再在计算机上疯狂地打字。

Cosmos 说："对不起，但我不认为你已经失败了。"

"真的？"安妮开始问，"你能停止发射？"

"呃，不，"超级计算机说，"不幸的是，我不能。我的信息库被删除了。我想有人怀疑我可能对她或他不完全忠诚……"

"因此我们可以问那个平板电脑的 Cosmos 吗？"利奥尼亚大着胆子问。

Cosmos 发出可笑的噪声，有点儿像打个响鼻，大声说："在玉衡天璇试图用它做一些远远超出其有限的能力的事情之后，那个暴发户已经自废操作系统了。"

"哦，不！"乔治说，他也被如此令人震惊的情况击倒了。

"我想你忘了什么。"Cosmos 礼貌地说。

"什么？"安妮说。

Cosmos 说："我已经给你发送过启动命令的激活码。""预测会发生敌意事件，在某种情况下，我将被没收所拥有的所有安全信息，在我的系统被清理之前，我提前预防给你发送了那个码。"

安妮问："你发了？"

"在'家'信里，"Cosmos 说，"那是非常简单的代码——你只需要将字母表中的每个字母都转换成数值。"

安妮在口袋里摸索着，拉出那张卷曲的纸条："这就是！"

"读出来！"利奥尼亚说。

"你来吧，"安妮迅速说道，"你更快。"

"母牛跳过月亮！"利奥尼亚说，侧身看着安妮。

安妮说："不，你必须用数字表达，A 是 1，以此类推。"

"好吧，"利奥尼亚说，快速地在字母旁潦草地写着，"试试这个'1144208531523102113165415225182085113151514'。"

乔治说："天啊，这么快！我刚刚到'牛'字！"

利奥尼亚输入代码，计算机接收了它，激活了屏幕上的一个指令。安妮说："哈！谁说女孩不擅长代码！"

利奥尼亚急切地问："你现在想要我做什么？"

安妮说："取消发射！关闭它！"

"那选项不在这儿，"利奥尼亚看着屏幕说，"但我可以延迟发射。"

"好吧！"安妮说。

利奥尼亚选择了正确的命令，他们看到一个消息在屏幕上闪烁着：发射延迟三十分钟。

乔治觉得这是他几小时内第一次松了一口气。至少，至少是现在，他如释重负，在他们有机会到达那里，救下他的家人和其他孩子之前，飞船不会离开。

他说："我们必须走了！"他转向利奥尼亚。"你能试试通过 Cosmos 找到安妮的爸爸吗？"他问，"我相信他能告诉我们如何能更长时间暂停发射。"

"我已经试过了！"利奥尼亚悲伤地说，"很遗憾，我认为在设施周围必有某种设备阻止任何人打电话给他。我根本打不通！当然，我会继续努力。"

她皱着眉。"我不喜欢失败。"她嘟哝着。

安妮说："现在该我们了。没有太多时间，我们该怎么办？"

乔治说："我知道！玻尔兹曼！"他叫着那个机器人，在角落里的那个机器人正陷入沮丧中。

"是叫我吗？"玻尔兹曼伤心地说，抬起他那巨大的黑色脑袋。

"玻尔兹曼，"乔治说，他知道这话充满魔力，"你愿意帮助我吗？"

"是的！"那个非常善良的机器人跳了起来，"你有任务给我？"

"我有任务给你，"乔治说，"这是非常重要的，只有非常好的机器人才能完成。"

"这样的话，"玻尔兹曼说，"我是你的机器人！"

利奥尼亚留在操作计算机的任务控制中心。在玻尔兹曼带领下，乔治和安妮他们以最快的速度奔向发射台。玻尔兹曼与他们在一起具有巨大的优势——他们和飞船之间的距离看起来是这么远，他们担心永远不能按时到达，但玻尔兹曼简单地，一手一个夹住他们。机器人夹着两个孩子，跨开大步，至少比他们自己走要快五倍。

他们到达时，发射台上的飞船犹如一条正待出去散步的狗，它在拴着的皮带上煎熬着。是玻尔兹曼带领着他们，沿着复杂的路径，通过脐带式管线塔到达仍然连接着飞船的桥上。利奥尼亚设法在他们到达时打开舱门，所以他们能飞快地进入飞船舱里，他们把穿着太空服表情茫然的孩子拉了出来，他们困惑而且似乎迷失方向，虽然完全服从，但好像一部分依然处于半睡眠中。乔治惊奇地发现，最后一个离开飞船的穿太空服的瘦小宇航员的身影竟是他的朋友伊戈尔。

将他们带出阿尔忒弥斯后，又送回塔上，指示他们尽快离开，安妮和乔治搜寻自己的家人。

当他更深入飞船时，乔治问："现在我们找什么？"这次攀登很别扭，他们先进入靠近飞船的顶部，现在正在向下进入货舱。当然，当飞船实际飞行时，它将呈水平状态，现在它是垂直的，这使它更难探查。

安妮正在乔治上面一层，她向下对他喊道："箱子。你能看到一些和人差不多大小的白色箱子吗？"

"能看到！"乔治的声音飘了上去，"我找到他们了！你觉得移动他们有危险吗？"他轻轻地触摸箱子，试图与在里面睡觉的人交流，那是他的妈妈和爸爸！他们旁边的小箱子里是他的妹妹？他感到如鲠在喉，几乎要流出眼泪。他如何能及时地带他们离开？他能

救他们吗？

　　"我认为把他们留在这儿不安全。"安妮说，她可怕地意识到时钟滴答作响，他们还不知道利奥尼亚是否能设法取消发射或进一步延迟。

　　玻尔兹曼和乔治一起爬下来。"这些都有自足的电路和电源，"玻尔兹曼信心十足地说，"他们被设计为移动式，因此如果每个箱子都充满电，他们将完全自给自足。"他检查了一下，"他们是自给自足的。"

　　"呃，他们太重了，"乔治喘着气试图抬起那个更大的箱子。

　　"他们是自动加载，"玻尔兹曼快乐地说，"可以以同样的方式卸载。就像这样！"机器人按下飞船墙上的一个按钮，每个箱子就像阶梯升降机一样上升，再次送到出口。他们在出口被平放下来，再被推回到桥上。令乔治惊讶的是，箱子一个接一个，似乎悬浮在飞船上，然后又回到连接桥上。

安妮跟在他们之后爬出飞船。"快点儿！"她回头对乔治说，"我们必须离开飞船了！我们不知道利奥尼亚能否更久地延迟发射！"

"来了。"现在乔治已经看到所有的箱子离船了，他感到从未有过的轻松。直到那一刻，他从未真正懂得，他对他人所处危险的恐惧担心甚至超过了对自己的！他想他的家人现在已脱离危险，他如释重负地长舒了一口气，花短暂时间享受这个现实生活的太空飞船的腹地，这是一架有能力高速飞过太阳系的飞船！然后他开始向上爬，跟着机器人玻尔兹曼那巨大的板状金属脚，机器人似乎低声哼鸣着。

"我们干得很好。"玻尔兹曼在上方说。但他的大脚滑了下来，他向后仰了一下。掉落得并不严重，但它恢复平衡时，还是使自己和乔治额外多花了一分钟。

善良的机器人站稳了，乔治觉察到隆隆作响的飞船发动机声音

的变化。他们在飞船里面时，发动机一直以低功率的"嗡嗡"声运行着。但现在它的声音似乎变得更重也更响了，仿佛是野兽后退着准备开始行动……

乔治的上方，安妮已经离开了飞船。担心一切都进行得太慢，乔治爬上玻尔兹曼的肩膀，向上看去。通过敞开的舱口，他可以看到安妮的脸，她正站在连接桥向下看。

"快点！"她催促着。但乔治突然停了下来。这不是他一直想要的吗？他要到太空旅行，探索未知世界，用他学习的所有技能和科学解答关于太阳系的一些未能解答的伟大问题。他能回来吗？他现在就可以离开飞船，但也知道这可能是他有生以来完全为了探险乘坐一艘飞船离开地球的最重要的机会。

他做出一个突然但非常明确的决定。

"安妮！"他向上面喊着，"我不回家。我要留在飞船上！告诉我爸妈和妹妹，我是多么爱他们……"当她开始尝试着打断他，他可以看到她眼中的泪花，他反身进入飞船的深处。

"这是我想要的，安妮！"他兴奋地大喊着，"我们将会一起探险，你、埃里克还有 Cosmos 会与我一路同行！"

舱口开始关闭，乔治听到安妮的尖叫声，但知道人力无法阻止关闭那扇强大的门。它"砰"的一声关上了，只有乔治和玻尔兹曼·布莱恩——一个特别善良的机器人留在了飞船上，发动机在他们身下嗡嗡作响。

机舱扩音器通告着："准许起飞。现在起飞。T−60s（倒计时60秒）。"

当龙门下降时，为了安全，安妮急忙避开高高的火箭塔，乔治把自己绑在座位上，准备着一生的旅程。"

五，四，三，二，一，我们已经起飞！"

阿尔忒弥斯航天任务已经开始。

概观效应

　　我想几乎每个人都梦想在他们生命的某个时刻进入太空。可悲的是，当他们知道去那里的概率这么小时，大多数人就放弃了这个梦想。然而，我的情况是，我父亲、隔壁邻居的父亲都是宇航员。我们都相信所有人总有一天会进入太空。

　　当我发现由于视力不好而没有资格成为一个 NASA 宇航员时，为了能飞行，我决定必须建立一个私人的空间机构。我用在电子游戏公司赚到的钱投资，最终使我和其他人可能通过私人机构飞到太空。2008 年 10 月，我飞往国际空间站，成为第一个第二代美国宇航员，并且与第一位俄罗斯第二代宇航员同飞！

　　准备和旅行到太空，是一个非同寻常的经历！经历中的许多细节与我预期的非常不同，也与你从电视或电影里知道的不同。

　　在飞行之前，你必须训练操作航天器。培训非常有趣，我惊讶于它与学生在学校或某些课外俱乐部的活动大部分非常相似。比如，和我一样，许多人喜欢的水肺潜水。当你获得水肺潜水的许可证，你会了解空气压力和诸如氧气、二氧化碳等气体，这就扩展了你在学校学过的化学和物理知识。这几乎与航天器上的生命支持系统完全相同。如果你能取得水肺潜水的执照，你可以在空间操作生命支持系统！同样，如果你可以在地球上获得业余无线电操作员的许可证，则可以在航天器上操作无线电设备。学会成为一名合格的宇航员更为有趣，没有我想象的那么困难……只要你在学校里是一名好学生！

　　然后就是空间飞行本身。当你看到火箭发射到天空，无论是亲眼观看还是通过电视，它的声音非常大，你能感觉到巨大的振动。然而，在航天飞行器的内部，当我发射到太空时，却是相反的。发动机点着时，我们几乎感觉不到或听到它的声音。当火箭开始升空时，它很柔和。我经常把那感觉描述为"像一个自信的芭蕾舞的移步"，火箭使我们更快进入天空。你感觉到 3 倍的重力仅仅超过 8 分钟，然后发动机就熄火了……你在地球上的轨道上失重飘起来了。

　　当然，景色很壮观，但我立即感受到我仍然非常接近地球。飞机能在地球上空大约 16 千米的高度飞行，而我们的轨道比那高出约 25 倍。然而，这仍然足够近，近到你能看到很多地球上的细节，而那些细节与你在飞机上看到的相同，但它又足够远，能够看到下面的整个地球。这种意料之外地与地球很近，

概观效应

却完全隔绝于地球表面上的任何人的感觉真是太奇怪了。你很清楚,若出现紧急情况,你和同舱伙伴必须自己解决,因为地面上的人是帮不上忙的。学习既能自力更生,又能通力合作,那是太空飞行和日常生活的必要准备!

从太空看地球,许多宇航员被深深地感动了。甚至有描述此景的术语"概观效应",它是指人们如何通过从太空看地球的经验而改变。我也经历过,认为值得分享。

当搭乘国际空间站公转时,你是以每小时 27 697 千米的速度绕地球航行。在那个速度下,每 90 分钟就绕地球一圈。那意味着每 45 分钟看一次日出或日落,在 10~20 分钟内横穿整个大陆。然而,你离地球足够的近,比你想象的还要清楚地看到更多的细节,即使是像旧金山金门大桥那样小的地方(虽然不能看到许多人相信能看到的中国长城)。望着窗外的地球,在它平稳地转动时,看到上面的细节,就像一个消防水喉把有关地球本身的信息射入你的头脑中。

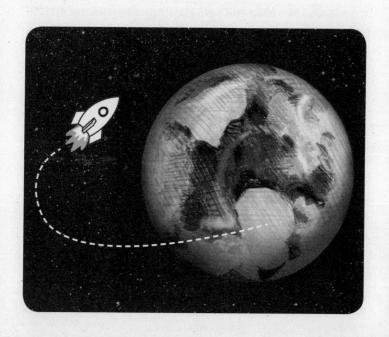

概观效应

从太空，你注意到地球的第一件事是它的天气。这是因为大部分的地球总被云层覆盖。因为海洋没有大岛或表面温度变化，从太空，你会注意到类似这样的景象，太平洋上空一片光滑或几何的天气图案是如何形成的。另一方面，大西洋上空则充满了更多的混乱天气的模式。那是由于高度变化的表面温度和附近大陆的形状打断了你在太平洋看到的平滑性。

我注意到的另一件东西是，地球的沙漠是多么美丽，因为它们通常不被云层覆盖。地球上的沙和雪随风漂移，之后是更大的沙丘，然后才是更大的山脊，从空间，你可以看到滚动的沙山以相似的模式一直延伸至太空中的目力所及的地方！看到只是因风吹过地球沙漠形成的这些"大风扇"，真是惊人。

从太空，也能看清楚，现在人类占据了整个地球表面。我从太空看到的每一个沙漠都有道路通过，也经常有地下深处抽水的农场种植。每个森林，甚至是巴西的亚马孙盆地中也有道路和城市。每条山脉都有道路通过，沿着河流建有大坝。我看到地球上只留下很少的"开阔空间"。

最后，我看到一个我很了解的地区，那是我长大的得克萨斯州。我多次开车经过的附近城镇，还有长长的得克萨斯的海岸线，我曾经去过的海滩。如今我已在地球轨道上环绕多次，类似的景观，在整个地球上我都看到过。突然，它打动了我……我现在直接观察到地球的真实尺度。

对这一时刻，我的身体起了巨大的反应！就像看电影，摄像镜头可以前后随意收缩。它产生的效果是门厅似乎崩塌并缩短，而演员却保持相同的尺度。就像我看着地球一样；它在舷窗外保持相同的大小，但围绕它的现实尺度却崩塌了。突然，曾经难以想象的大地球，对我而言变成有限的……而且实际上是相当小的。

自太空回来，我已经从"概观效应"发展到许多宇航员表达的类似的"顿悟"，包括我自己在内的，许多宇航员带着对重视环境的重新感受重返地球，保护属于我们的脆弱的世界。在我看来，如果更多的人有机会从太空看地球，我们将会更好地照顾我们珍贵的星球和彼此。

如果你的梦想是去太空旅行，那也是我的梦想，我希望有一天你能实现。这样的机会年复一年地变得更加容易。然而，太空总是比另一个城镇、国家或大陆更难到达。你仍然必须努力做好准备，在一个团队中取得位置，那个团队正在扩充人类关于比我们居住的星球越来越远地方的知识。虽然你不必像许多

概观效应

早期的宇航员那么"幸运"。

努力奋斗，我相信读到此处的你们都能在太空中达到自己的目标！

理查德

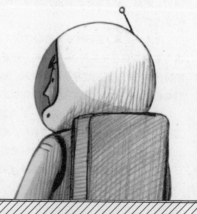

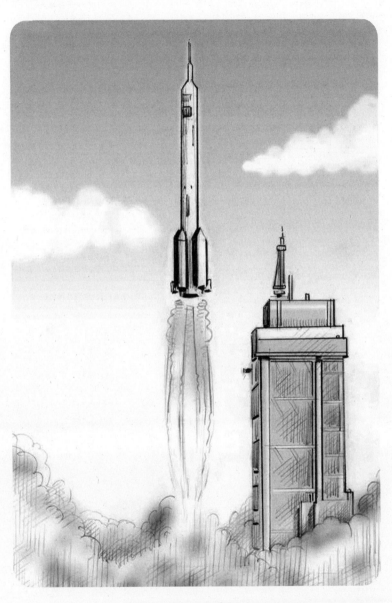

265

图书在版编目（CIP）数据

乔治的宇宙. 蓝月 /（英）露西·霍金,（英）史蒂芬·霍金
著；杜欣欣译. 一 长沙：湖南科学技术出版社，2019.5
（2024.11重印）
ISBN 978-7-5710-0182-7

Ⅰ.①乔… Ⅱ.①露… ②史… ③杜… Ⅲ.①宇宙 - 普
及读物 Ⅳ.① P159-49

中国版本图书馆 CIP 数据核字 (2019) 第 085913 号

QIAOZHI DE YUZHOU LANYUE
乔治的宇宙 蓝月

著者
[英]露西·霍金
[英]史蒂芬·霍金
插图
加里·帕森斯
译者
杜欣欣
责任编辑
孙桂均 吴炜 李蓓 杨波 李媛
装帧设计
邵年 ，XYZ Lab
出版发行
湖南科学技术出版社
社址
长沙市芙蓉中路一段416号
泊富国际金融中心
www.hnstp.com
湖南科学技术出版社
天猫旗舰店网址：
http://hnkjcbs.tmall.com
印刷
长沙超峰印刷有限公司
（印装质量问题请直接与本厂联系）
厂址
宁乡市金洲新区泉洲北路 100 号
邮编
410600
版次
2019 年 5 月第 1 版
印次
2024 年 11 月第 4 次印刷
开本
880mm×1230mm 1/32
印张
8.75
字数
201000
书号
ISBN 978-7-5710-0182-7
定价
48.00 元